오답 노트

틀린 문제 저장! 출력!

학습을 마칠 때에는 **오답노트**에 어떤 문제를 틀렸는지 표시해.

나중에 틀린 문제만 모아서 다시 풀면 **실력도 쑥쑥** 늘겠지?

① 오답노트 앱을 설치 후 로그인
② 책 표지의 QR 코드를 스캔하여 내 교재 등록
③ 오답 노트를 작성할 교재 아래에 있는 🔵를 터치하여 문항 번호를 선택하기

문항번호 선택

날짜별 또는 단원별 보기

인쇄 가능

틀린 문제는 모르는 채 넘어 가지 말자구!

자세한 개념 동영상

단원별로 필요한 기본 개념은 QR을 찍어 동영상으로 자세하게 학습할 수 있습니다.

1. 분수의 나눗셈
1단계 핵심 개념

개념에 대한 자세한 동영상 강의를 시청하세요.

문제 생성기

추가적인 문제는 QR을 찍으면 더 풀 수 있습니다.

기초 문제

QR 코드를 찍어 보세요.
새로운 문제를 계속 풀 수 있어요.

문제 생성기

1. 덧셈과 뺄셈

덧셈과 뺄셈-1   [학습하기] [인쇄]

덧셈과 뺄셈-2   [학습하기] [인쇄]

문제 풀이 동영상

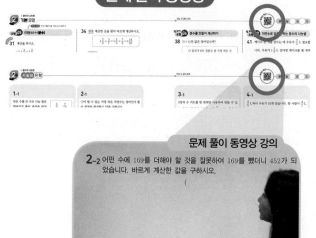

문제 풀이 동영상 강의

2-2 어떤 수에 169를 더해야 할 것을 잘못하여 169를 뺐더니 452가 되었습니다. 바르게 계산한 값을 구하시오.

Book 1 기본

난이도 하와 중의 문제로 구성하였습니다.

개념 동영상

문제 생성기

1단계 핵심 개념 +기초 문제

단원별로 꼭 필요한 핵심 개념만 모았습니다. 필요한 기본 개념은 QR을 찍어 동영상으로 학습할 수 있습니다.

단원별 기초 문제를 통해 기초력 확인을 하고 추가적인 문제는 QR을 찍으면 더 풀 수 있습니다.

▶ 개념 동영상 강의 제공   문제 생성기

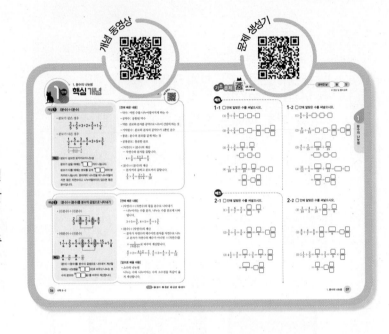

1단계 기본 문제

단원별로 쉽게 풀 수 있는 기본적인 문제만 모았습니다.

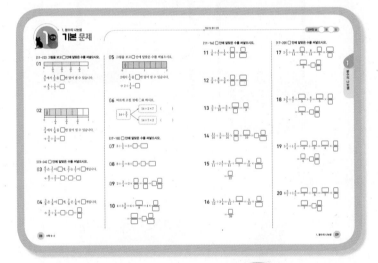

2단계 기본 유형 +잘 틀리는 유형

단원별로 기본적인 유형에 해당하는 문제를 모았습니다.

▶ 동영상 강의 제공

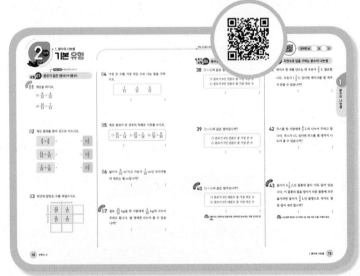

오답노트 앱 사용가능
틀린 문제 저장&출력
오답노트 앱을 다운받으세요 (안드로이드만 가능)

기본부터 실력까지 한 권에 다 담은 유형서

동영상 강의 제공

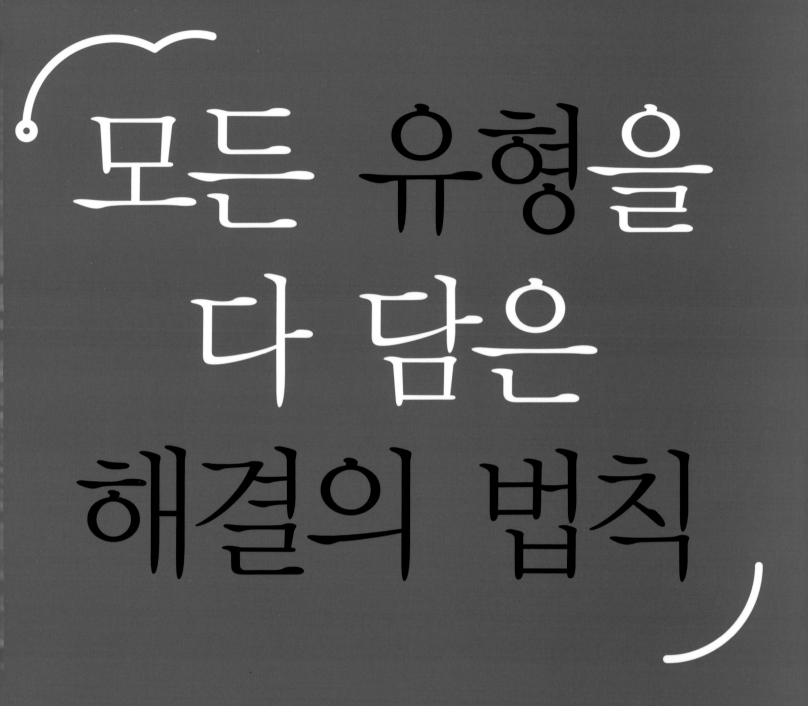

모든 유형을 다 담은 해결의 법칙

BOOK 1

기본

모바일 코칭
시스템

수학

6·2

언제나 만점이고 싶은 친구들 ─────────

Welcome!

공부하기 싫어, 놀고 싶어!
공부는 지겹고, 어려워!
그 마음 잘 알아요.
그럼에도 꾸준히 공부하고 있는 여러분은
정말 대단하고, 칭찬받아 마땅해요.

여러분, 정말 미안해요.
공부를 지겹고 어려운 것으로 느끼게 해서요.

그래서 열심히 연구했어요.
공부하는 시간이 기다려지는 책을 만들려고요.
당장은 어려운 문제를 풀지 못해도 괜찮아요.
지금 여러분에겐 공부가 즐거워지는 것이 가장 중요하니까요.

이제 우리와 함께 재미있는 공부의 세계로 떠나볼까요?

유형
해결의 법칙

Chunjae
Makes
Chunjae

▼

[유형 해결의 법칙] 초등 수학 6-2

기획총괄   김안나
편집개발   이근우, 서진호, 박웅, 최경환
디자인총괄   김희정
표지디자인   윤순미, 여화경
내지디자인   박희춘, 이혜미
제작   황성진, 조규영

발행일   2023년 3월 1일 개정초판   2023년 3월 1일 1쇄
발행인   (주)천재교육
주소   서울시 금천구 가산로9길 54
신고번호   제2001-000018호
고객센터   1577-0902

2 단계 서술형 유형

서술형 유형은 서술형 문제를 연습할 수 있습니다.

▶ 동영상 강의 제공

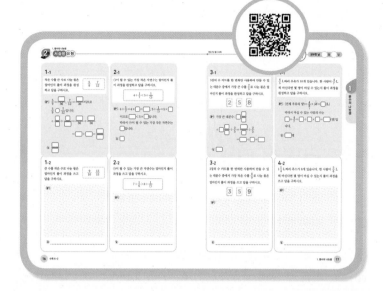

3 단계 유형 평가

단원별로 공부한 기본 유형을 제대로 공부했는지 유형 평가를 통해 복습할 수 있습니다.

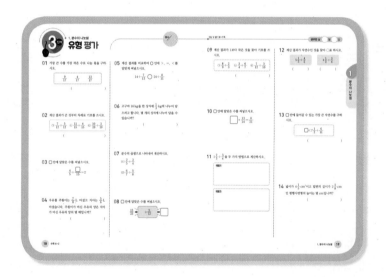

3 단계 단원 평가

단원 평가를 풀어 보면서 단원에서 배운 기본적인 개념과 문제를 다시 한 번 확실하게 기억할 수 있습니다.

👥 유사 문제 제공

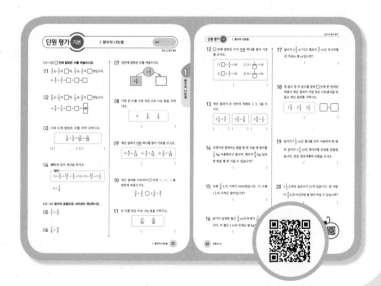

차례

1

분수의 나눗셈

학습 계획표

계획표대로 공부했으면 ○표, 못했으면 △표 하세요.

내용	쪽수	날짜		확인
①단계 핵심 개념+기초 문제	6~7쪽	월	일	
①단계 기본 문제	8~9쪽	월	일	
②단계 기본 유형+잘 틀리는 유형	10~15쪽	월	일	
②단계 서술형 유형	16~17쪽	월	일	
③단계 유형 평가	18~20쪽	월	일	
③단계 단원 평가	21~22쪽	월	일	

1. 분수의 나눗셈
1단계 핵심 개념

개념에 대한 **자세한 동영상 강의**를 시청하세요.

개념동영상

개념❶ (분수)÷(분수)

- 분모가 같은 경우

$$\frac{3}{5}÷\frac{2}{5}=3÷2=\frac{3}{2}=1\frac{1}{2}$$

- 분모가 다른 경우

$$\frac{1}{2}÷\frac{5}{6}=\frac{3}{6}÷\frac{5}{6}=3÷5=\frac{3}{5}$$

$$\frac{1}{2}=\frac{1×3}{2×3}=\frac{3}{6}$$

핵심 분모가 같으면 분자끼리의 나눗셈

분모가 같을 때에는 ❶[ ][ ]끼리 나눕니다.
분모가 다를 때에는 분모를 같게 ❷[ ][ ]하여 분자끼리 나눕니다. 분자끼리 나누었을 때 나누어떨어지면 몫은 자연수이고 나누어떨어지지 않으면 몫은 분수입니다.

[전에 배운 내용]

- 약수: 어떤 수를 나누어떨어지게 하는 수

- 공약수: 공통된 약수

- 약분: 분모와 분자를 공약수로 나누어 간단히 하는 것

- 기약분수: 분모와 분자의 공약수가 1뿐인 분수

- 통분: 분수의 분모를 같게 하는 것

- 공통분모: 통분한 분모

- (자연수)×(분수)의 계산
  − 자연수와 분자를 곱합니다.

$$4×\frac{2}{9}=\frac{4×2}{9}=\frac{8}{9}$$

- (분수)×(분수)의 계산
  − 분자끼리 곱하고 분모끼리 곱합니다.

$$\frac{3}{5}×\frac{3}{4}=\frac{3×3}{5×4}=\frac{9}{20}$$

개념❷ (분수)÷(분수)를 분수의 곱셈으로 나타내기

- (진분수)÷(진분수)

$$\frac{2}{3}÷\frac{3}{4}=\frac{2}{3}×\frac{4}{3}=\frac{8}{9}$$

- (대분수)÷(진분수)

$$1\frac{1}{4}÷\frac{2}{3}=\frac{5}{4}÷\frac{2}{3}=\frac{5}{4}×\frac{3}{2}=\frac{15}{8}=1\frac{7}{8}$$

핵심 $\frac{■}{▲}÷\frac{㉮}{㉯}=\frac{■}{▲}×\frac{㉯}{㉮}$

(분수)÷(분수)를 분수의 곱셈으로 나타내어 계산할 때에는 나눗셈을 ❸[ ][ ](으)로 바꾸고 나누는 분수의 분모와 ❹[ ][ ]을/를 바꾸어 계산합니다.

[전에 배운 내용]

- (자연수)÷(자연수)의 몫을 분수로 나타내기
  − 나누어지는 수를 분자, 나누는 수를 분모에 나타냅니다.

$$3÷5=\frac{3}{5},\ 8÷5=\frac{8}{5}=1\frac{3}{5}$$

- (분수)÷(자연수)의 계산
  − 분자가 자연수의 배수이면 분자를 자연수로 나누고 분자가 자연수의 배수가 아니면 ÷(자연수)를 $×\frac{1}{(자연수)}$로 바꾸어 계산합니다.

$$\frac{4}{7}÷2=\frac{4÷2}{7}=\frac{2}{7},\ \frac{4}{5}÷3=\frac{4}{5}×\frac{1}{3}=\frac{4}{15}$$

[앞으로 배울 내용]

- 소수의 나눗셈
  나누는 수와 나누어지는 수의 소수점을 똑같이 옮겨 계산합니다.

정답 ❶ 분자 ❷ 통분 ❸ 곱셈 ❹ 분자

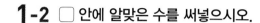
 체크

1-1 ☐ 안에 알맞은 수를 써넣으시오.

(1) $\dfrac{6}{7} \div \dfrac{3}{7} = \boxed{} \div \boxed{} = \boxed{}$

(2) $\dfrac{5}{8} \div \dfrac{2}{8} = \boxed{} \div \boxed{} = \dfrac{\boxed{}}{\boxed{}} = \boxed{} \dfrac{\boxed{}}{\boxed{}}$

(3) $\dfrac{3}{4} \div \dfrac{3}{8} = \dfrac{\boxed{}}{8} \div \dfrac{\boxed{}}{8}$
$= \boxed{} \div \boxed{} = \boxed{}$

(4) $\dfrac{7}{10} \div \dfrac{2}{5} = \dfrac{\boxed{}}{10} \div \dfrac{\boxed{}}{10} = \boxed{} \div \boxed{}$
$= \dfrac{\boxed{}}{\boxed{}} = \boxed{} \dfrac{\boxed{}}{\boxed{}}$

1-2 ☐ 안에 알맞은 수를 써넣으시오.

(1) $\dfrac{8}{9} \div \dfrac{2}{9} = \boxed{} \div \boxed{} = \boxed{}$

(2) $\dfrac{9}{10} \div \dfrac{4}{10} = \boxed{} \div \boxed{} = \dfrac{\boxed{}}{\boxed{}} = \boxed{} \dfrac{\boxed{}}{\boxed{}}$

(3) $\dfrac{4}{5} \div \dfrac{2}{15} = \dfrac{\boxed{}}{15} \div \dfrac{\boxed{}}{15}$
$= \boxed{} \div \boxed{} = \boxed{}$

(4) $\dfrac{11}{12} \div \dfrac{1}{4} = \dfrac{\boxed{}}{12} \div \dfrac{\boxed{}}{12} = \boxed{} \div \boxed{}$
$= \dfrac{\boxed{}}{\boxed{}} = \boxed{} \dfrac{\boxed{}}{\boxed{}}$

체크

2-1 ☐ 안에 알맞은 수를 써넣으시오.

(1) $\dfrac{2}{3} \div \dfrac{6}{7} = \dfrac{2}{3} \times \dfrac{\boxed{}}{\boxed{}} = \dfrac{\boxed{}}{9}$

(2) $\dfrac{5}{6} \div \dfrac{2}{3} = \dfrac{5}{6} \times \dfrac{\boxed{}}{\boxed{}} = \dfrac{\boxed{}}{4} = \boxed{} \dfrac{\boxed{}}{\boxed{}}$

(3) $4\dfrac{1}{2} \div \dfrac{3}{5} = \dfrac{\boxed{}}{2} \div \dfrac{3}{5} = \dfrac{\boxed{}}{2} \times \dfrac{\boxed{}}{\boxed{}}$
$= \dfrac{\boxed{}}{2} = \boxed{} \dfrac{\boxed{}}{\boxed{}}$

2-2 ☐ 안에 알맞은 수를 써넣으시오.

(1) $\dfrac{3}{10} \div \dfrac{4}{5} = \dfrac{3}{10} \times \dfrac{\boxed{}}{\boxed{}} = \dfrac{\boxed{}}{8}$

(2) $\dfrac{8}{9} \div \dfrac{4}{7} = \dfrac{8}{9} \times \dfrac{\boxed{}}{\boxed{}} = \dfrac{\boxed{}}{9} = \boxed{} \dfrac{\boxed{}}{\boxed{}}$

(3) $1\dfrac{1}{5} \div \dfrac{2}{3} = \dfrac{\boxed{}}{5} \div \dfrac{2}{3} = \dfrac{\boxed{}}{5} \times \dfrac{\boxed{}}{\boxed{}}$
$= \dfrac{\boxed{}}{5} = \boxed{} \dfrac{\boxed{}}{\boxed{}}$

기본 문제

[01~02] 그림을 보고 ▢ 안에 알맞은 수를 써넣으시오.

01

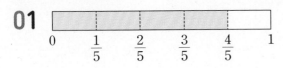

$\dfrac{4}{5}$에서 $\dfrac{1}{5}$을 ▢번 덜어 낼 수 있습니다.

→ $\dfrac{4}{5} \div \dfrac{1}{5} = $ ▢

02

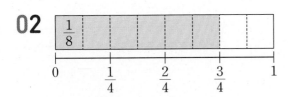

$\dfrac{3}{4}$에서 $\dfrac{1}{8}$을 ▢번 덜어 낼 수 있습니다.

→ $\dfrac{3}{4} \div \dfrac{1}{8} = $ ▢

[03~04] ▢ 안에 알맞은 수를 써넣으시오.

03 $\dfrac{6}{7}$은 $\dfrac{1}{7}$이 ▢개, $\dfrac{2}{7}$는 $\dfrac{1}{7}$이 ▢개입니다.

→ $\dfrac{6}{7} \div \dfrac{2}{7} = $ ▢ $\div$ ▢ $= $ ▢

04 $\dfrac{3}{8}$은 $\dfrac{1}{8}$이 ▢개, $\dfrac{7}{8}$은 $\dfrac{1}{8}$이 ▢개입니다.

→ $\dfrac{3}{8} \div \dfrac{7}{8} = $ ▢ $\div$ ▢ $= \dfrac{▢}{▢}$

05 그림을 보고 ▢ 안에 알맞은 수를 써넣으시오.

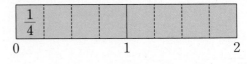

2에서 $\dfrac{1}{4}$을 ▢번 덜어 낼 수 있습니다.

→ $2 \div \dfrac{1}{4} = $ ▢

06 바르게 고친 것에 ○표 하시오.

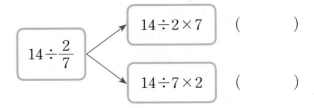

$14 \div \dfrac{2}{7}$

$14 \div 2 \times 7$ (   )

$14 \div 7 \times 2$ (   )

[07~10] ▢ 안에 알맞은 수를 써넣으시오.

07 $3 \div \dfrac{1}{5} = 3 \times $ ▢ $= $ ▢

08 $8 \div \dfrac{2}{3} = 8 \div $ ▢ $\times$ ▢ $= $ ▢

09 $2 \div \dfrac{3}{4} = 2 \times \dfrac{▢}{▢} = \dfrac{▢}{▢} = ▢\dfrac{▢}{▢}$

10 $4 \div 3\dfrac{5}{8} = 4 \div \dfrac{▢}{8} = 4 \times \dfrac{▢}{▢}$

$= \dfrac{▢}{▢} = ▢\dfrac{▢}{▢}$

[11~16] ☐ 안에 알맞은 수를 써넣으시오.

11 $\dfrac{1}{6} \div \dfrac{4}{7} = \dfrac{1}{6} \times \dfrac{\boxed{}}{\boxed{}} = \dfrac{\boxed{}}{\boxed{}}$

12 $\dfrac{5}{8} \div \dfrac{8}{9} = \dfrac{5}{8} \times \dfrac{\boxed{}}{\boxed{}} = \dfrac{\boxed{}}{\boxed{}}$

13 $\dfrac{3}{5} \div \dfrac{9}{10} = \dfrac{3}{5} \times \dfrac{\boxed{}}{\boxed{}} = \dfrac{\boxed{}}{3}$

14 $\dfrac{11}{16} \div \dfrac{5}{8} = \dfrac{11}{16} \times \dfrac{\boxed{}}{\boxed{}} = \dfrac{\boxed{}}{10} = \boxed{} \dfrac{\boxed{}}{\boxed{}}$

15 $\dfrac{9}{11} \div 2\dfrac{4}{7} = \dfrac{9}{11} \div \dfrac{\boxed{}}{7} = \dfrac{9}{11} \times \dfrac{\boxed{}}{\boxed{}}$

$= \dfrac{\boxed{}}{22}$

16 $\dfrac{5}{12} \div 3\dfrac{1}{4} = \dfrac{5}{12} \div \dfrac{\boxed{}}{4} = \dfrac{5}{12} \times \dfrac{\boxed{}}{\boxed{}}$

$= \dfrac{\boxed{}}{39}$

[17~20] ☐ 안에 알맞은 수를 써넣으시오.

17 $2\dfrac{2}{3} \div \dfrac{8}{11} = \dfrac{\boxed{}}{3} \div \dfrac{8}{11} = \dfrac{\boxed{}}{3} \times \dfrac{\boxed{}}{\boxed{}}$

$= \dfrac{\boxed{}}{3} = \boxed{} \dfrac{\boxed{}}{\boxed{}}$

18 $3\dfrac{3}{5} \div \dfrac{6}{7} = \dfrac{\boxed{}}{5} \div \dfrac{6}{7} = \dfrac{\boxed{}}{5} \times \dfrac{\boxed{}}{\boxed{}}$

$= \dfrac{\boxed{}}{5} = \boxed{} \dfrac{\boxed{}}{\boxed{}}$

19 $3\dfrac{3}{4} \div 1\dfrac{2}{3} = \dfrac{\boxed{}}{4} \div \dfrac{\boxed{}}{3} = \dfrac{\boxed{}}{4} \times \dfrac{\boxed{}}{\boxed{}}$

$= \dfrac{\boxed{}}{4} = \boxed{} \dfrac{\boxed{}}{\boxed{}}$

20 $6\dfrac{3}{7} \div 1\dfrac{4}{5} = \dfrac{\boxed{}}{7} \div \dfrac{\boxed{}}{5} = \dfrac{\boxed{}}{7} \times \dfrac{\boxed{}}{\boxed{}}$

$= \dfrac{\boxed{}}{7} = \boxed{} \dfrac{\boxed{}}{\boxed{}}$

2 단계 기본 유형

1. 분수의 나눗셈

→ 핵심 내용 분자끼리 나누기

유형 **01** 분모가 같은 (분수)÷(분수)

교과서유형 **01** 계산을 하시오.

(1) $\dfrac{8}{15} \div \dfrac{4}{15}$

(2) $\dfrac{10}{13} \div \dfrac{7}{13}$

02 계산 결과를 찾아 선으로 이으시오.

$\dfrac{8}{9} \div \dfrac{3}{9}$ · · $2\dfrac{1}{5}$

$\dfrac{11}{12} \div \dfrac{5}{12}$ · · $2\dfrac{1}{2}$

$\dfrac{5}{19} \div \dfrac{2}{19}$ · · $2\dfrac{2}{3}$

03 빈칸에 알맞은 수를 써넣으시오.

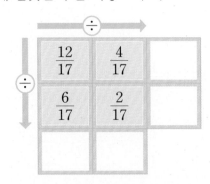

04 가장 큰 수를 가장 작은 수로 나눈 몫을 구하시오.

| $\dfrac{7}{11}$ | $\dfrac{3}{11}$ | $\dfrac{5}{11}$ |

(   )

05 계산 결과가 큰 것부터 차례로 기호를 쓰시오.

ㄱ $\dfrac{11}{14} \div \dfrac{3}{14}$ ㄴ $\dfrac{13}{18} \div \dfrac{5}{18}$ ㄷ $\dfrac{17}{20} \div \dfrac{9}{20}$

(   )

06 넓이가 $\dfrac{9}{10}$ m²이고 가로가 $\dfrac{7}{10}$ m인 직사각형의 세로는 몇 m입니까?

(   )

응용 유형 **07** 점토 $\dfrac{15}{16}$ kg을 한 사람에게 $\dfrac{3}{16}$ kg씩 나누어 주려고 합니다. 몇 명에게 나누어 줄 수 있습니까?

(   )

핵심 내용 ▶ 분모가 같은 분수로 바꾸어 계산하기

유형 02 **분모가 다른 (분수)÷(분수)**

교과서유형
08 계산을 하시오.

(1) $\dfrac{5}{6} \div \dfrac{5}{12}$

(2) $\dfrac{3}{8} \div \dfrac{7}{10}$

09 계산 결과가 자연수인 것에 ○표 하시오.

$$\dfrac{8}{9} \div \dfrac{2}{3} \qquad \dfrac{3}{8} \div \dfrac{3}{16}$$

(   )   (   )

10 <u>잘못</u> 계산한 곳을 찾아 바르게 계산하시오.

$$\dfrac{4}{7} \div \dfrac{2}{21} = 4 \div 2 = 2$$

바른 계산

---

11 계산 결과를 비교하여 ○ 안에 >, =, <를 알맞게 써넣으시오.

$$\dfrac{4}{5} \div \dfrac{3}{8} \bigcirc \dfrac{6}{7} \div \dfrac{5}{9}$$

12 ㉠보다 크고 ㉡보다 작은 자연수를 구하시오.

$$㉠\ \dfrac{3}{10} \div \dfrac{3}{20} \qquad ㉡\ \dfrac{10}{11} \div \dfrac{5}{22}$$

(   )

13 큰 수를 작은 수로 나눈 몫을 구하시오.

$$\dfrac{7}{9} \qquad \dfrac{5}{7}$$

(   )

14 □ 안에 알맞은 수를 써넣으시오.

$$\dfrac{5}{8} \div \dfrac{\square}{48} = 10$$

15 주스를 민준이는 $\dfrac{7}{10}$ L 마셨고 지후는 $\dfrac{2}{5}$ L 마셨습니다. 민준이가 마신 주스의 양은 지후가 마신 주스의 양의 몇 배입니까?

(   )

1 분수의 나눗셈

핵심 내용 → $\blacksquare \div \dfrac{1}{\bullet} = \blacksquare \times \bullet$, $\blacksquare \div \dfrac{\blacktriangle}{\bullet} = \blacksquare \div \blacktriangle \times \bullet$

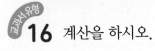

유형 **03** (자연수)÷(분수)

교과서유형

16 계산을 하시오.

(1) $13 \div \dfrac{1}{5}$

(2) $16 \div \dfrac{4}{9}$

17 계산 결과를 찾아 선으로 이으시오.

$9 \div \dfrac{3}{8}$ ·		· 20
$12 \div \dfrac{6}{11}$ ·		· 22
$18 \div \dfrac{9}{10}$ ·		· 24

18 가장 큰 수를 가장 작은 수로 나눈 몫을 구하시오.

7	$\dfrac{4}{9}$	$\dfrac{1}{9}$

( )

19 계산 결과를 비교하여 ○ 안에 >, =, <를 알맞게 써넣으시오.

$$10 \div \dfrac{5}{9} \bigcirc 12 \div \dfrac{4}{5}$$

20 ☐ 안에 들어갈 수 있는 가장 큰 자연수를 구하시오.

$$4 \div \dfrac{2}{3} > \square$$

( )

21 ☐ 안에 알맞은 수를 써넣으시오.

$$15 \div \dfrac{5}{\square} = 18$$

이힘책유형

22 감자 20 kg을 한 상자에 $\dfrac{1}{2}$ kg씩 나누어 담으려고 합니다. 몇 개의 상자에 나누어 담을 수 있습니까?

( )

핵심 내용 $\blacksquare \div \dfrac{㉮}{㉯} = \blacksquare \times \dfrac{㉯}{㉮}$

유형 **04** (분수)÷(분수)를 (분수)×(분수)로 나타내기

23 분수의 곱셈으로 나타내어 계산하시오.

(1) $\dfrac{5}{6} \div \dfrac{6}{7}$

(2) $\dfrac{3}{8} \div \dfrac{2}{9}$

24 ☐ 안에 알맞은 수를 써넣으시오.

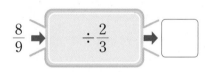

$\dfrac{8}{9}$ ➡ $\div \dfrac{2}{3}$ ➡ ☐

25 <u>잘못</u> 계산한 곳을 찾아 바르게 계산하시오.

$$\dfrac{5}{7} \div \dfrac{3}{4} = \dfrac{5}{7} \times \dfrac{3}{4} = \dfrac{15}{28}$$

바른 계산

26 계산 결과를 비교하여 ○ 안에 >, =, <를 알맞게 써넣으시오.

$\dfrac{5}{12} \div \dfrac{4}{9}$ ○ $\dfrac{9}{10} \div \dfrac{5}{6}$

27 빈칸에 알맞은 수를 써넣으시오.

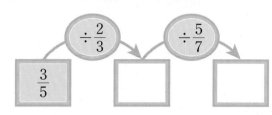

$\dfrac{3}{5}$ → $\div \dfrac{2}{3}$ → ☐ → $\div \dfrac{5}{7}$ → ☐

28 계산 결과가 1보다 작은 것을 찾아 기호를 쓰시오.

| ㉠ $\dfrac{5}{8} \div \dfrac{7}{12}$ | ㉡ $\dfrac{2}{3} \div \dfrac{3}{5}$ | ㉢ $\dfrac{2}{5} \div \dfrac{4}{7}$ |

( )

29 ☐ 안에 알맞은 수를 써넣으시오.

$$☐ \times \dfrac{6}{7} = \dfrac{2}{9}$$

30 $\dfrac{5}{8}$ 컵의 무게가 $\dfrac{9}{14}$ kg인 쌀이 있습니다. 이 쌀 한 컵의 무게는 몇 kg입니까?

( )

2단계 **기본 유형**

→ 핵심 내용 먼저 대분수를 가분수로 바꾸기

유형 **05** (대분수)÷(분수)

31 계산을 하시오.

(1) $1\dfrac{3}{5} \div 1\dfrac{2}{9}$

(2) $2\dfrac{1}{4} \div 1\dfrac{1}{3}$

32 $1\dfrac{1}{2} \div \dfrac{2}{3}$ 를 두 가지 방법으로 계산하시오.

방법 1

방법 2

33 계산 결과가 자연수인 것을 찾아 ○표 하시오.

$3\dfrac{3}{4} \div \dfrac{3}{8}$ 　　　　$2\dfrac{1}{3} \div \dfrac{6}{7}$

(　　　　)　　　(　　　　)

34 잘못 계산한 곳을 찾아 바르게 계산하시오.

$$1\dfrac{2}{5} \div \dfrac{3}{7} = 1\dfrac{2}{5} \times \dfrac{7}{3} = 1\dfrac{14}{15}$$

바른 계산

35 계산 결과를 비교하여 ○ 안에 >, =, <를 알맞게 써넣으시오.

$3\dfrac{4}{7} \div 1\dfrac{7}{8}$ ○ $2\dfrac{6}{7} \div 1\dfrac{1}{4}$

36 □ 안에 들어갈 수 있는 가장 큰 자연수를 구하시오.

$$\square < 4\dfrac{1}{6} \div \dfrac{4}{9}$$

(　　　　　　　　　　)

37 넓이가 $8\dfrac{1}{10}$ cm²이고 밑변의 길이가 $5\dfrac{2}{5}$ cm인 평행사변형의 높이는 몇 cm입니까?

(　　　　　　　　　　)

잘 틀리는 유형 06 분수를 만들어 계산하기

38 ㉠÷㉡의 값은 얼마입니까?

> ㉠ 분모가 6인 진분수 중 가장 작은 수
> ㉡ 분모가 9인 진분수 중 가장 작은 수

( )

39 ㉠÷㉡의 값은 얼마입니까?

> ㉠ 분모가 4인 진분수 중 가장 큰 수
> ㉡ 분모가 7인 진분수 중 가장 큰 수

( )

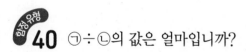
40 ㉠÷㉡의 값은 얼마입니까?

> ㉠ 분모가 3인 대분수 중 가장 작은 수
> ㉡ 분모가 5인 대분수 중 가장 작은 수

( )

KEY 대분수는 자연수와 진분수로 이루어진 분수라는 것을 잊으면 안 돼요.

잘 틀리는 유형 07 자연수로 답을 구하는 분수의 나눗셈

41 케이크 한 개를 만드는 데 우유가 $\frac{2}{5}$ L 필요합니다. 우유가 $1\frac{1}{2}$ L 있다면 케이크를 몇 개까지 만들 수 있습니까?

( )

42 주스를 한 사람에게 $\frac{6}{7}$ L씩 나누어 주려고 합니다. 주스가 4 L 있다면 주스를 몇 명까지 나누어 줄 수 있습니까?

( )

향상유형 43 들이가 $6\frac{7}{8}$ L인 물통에 물이 가득 들어 있습니다. 이 물통의 물을 덜어서 다른 물통에 모두 옮기려면 들이가 $\frac{5}{6}$ L인 물병으로 적어도 몇 번 덜어 내야 합니까?

( )

KEY 나눗셈의 몫보다 큰 자연수 중 가장 작은 수를 구해야 해요.

분수의 나눗셈

2단계 서술형 유형

1-1

작은 수를 큰 수로 나눈 몫은 얼마인지 풀이 과정을 완성하고 답을 구하시오.

$$\dfrac{5}{9} \qquad \dfrac{7}{12}$$

 $\dfrac{5}{9} = \dfrac{\boxed{}}{36}$, $\dfrac{7}{12} = \dfrac{\boxed{}}{36}$ 이므로

$\dfrac{5}{9} \bigcirc \dfrac{7}{12}$ 입니다.

→ $\dfrac{\boxed{}}{\boxed{}} \div \dfrac{\boxed{}}{\boxed{}} = \dfrac{\boxed{}}{36} \div \dfrac{\boxed{}}{36}$

$= \boxed{} \div \boxed{} = \dfrac{\boxed{}}{\boxed{}}$

답 $\dfrac{\boxed{}}{\boxed{}}$

1-2

큰 수를 작은 수로 나눈 몫은 얼마인지 풀이 과정을 쓰고 답을 구하시오.

$$\dfrac{9}{10} \qquad \dfrac{13}{15}$$

풀이

답 _____

2-1

㉠이 될 수 있는 가장 작은 자연수는 얼마인지 풀이 과정을 완성하고 답을 구하시오.

$$4 \div \dfrac{1}{7} < 5 \div \dfrac{1}{\text{㉠}}$$

 $4 \div \dfrac{1}{7} = 4 \times \boxed{} = \boxed{}$, $5 \div \dfrac{1}{\text{㉠}} = 5 \times \boxed{}$

이므로 $\boxed{} < 5 \times \boxed{}$ 입니다.

따라서 ㉠이 될 수 있는 가장 작은 자연수는

$\boxed{}$ 입니다.

답 $\boxed{}$

2-2

㉠이 될 수 있는 가장 큰 자연수는 얼마인지 풀이 과정을 쓰고 답을 구하시오.

$$7 \div \dfrac{1}{6} > 8 \div \dfrac{1}{\text{㉠}}$$

풀이

답 _____

3-1

3장의 수 카드를 한 번씩만 사용하여 만들 수 있는 대분수 중에서 가장 큰 수를 $\frac{2}{5}$로 나눈 몫은 얼마인지 풀이 과정을 완성하고 답을 구하시오.

| 2 | 5 | 8 |

 가장 큰 대분수: $\boxed{}\dfrac{\boxed{}}{\boxed{}}$

→ $\boxed{}\dfrac{\boxed{}}{\boxed{}} \div \dfrac{2}{5} = \dfrac{\boxed{}}{\boxed{}} \div \dfrac{2}{5}$

$= \boxed{} \div \boxed{} = \boxed{}$

답 $\boxed{}$

3-2

3장의 수 카드를 한 번씩만 사용하여 만들 수 있는 대분수 중에서 가장 작은 수를 $\frac{8}{9}$로 나눈 몫은 얼마인지 풀이 과정을 쓰고 답을 구하시오.

| 3 | 5 | 9 |

풀이

답 _____

4-1

$\frac{4}{5}$ L짜리 우유가 10개 있습니다. 한 사람이 $\frac{4}{7}$ L씩 마신다면 몇 명이 마실 수 있는지 풀이 과정을 완성하고 답을 구하시오.

풀이 (전체 우유의 양) $= \dfrac{4}{\overset{1}{5}} \times \overset{2}{10} = \boxed{}$ (L)

따라서 마실 수 있는 사람의 수는

$\boxed{} \div \dfrac{4}{7} = \boxed{} \div \boxed{} \times \boxed{} = \boxed{}$ (명)입니다.

답 $\boxed{}$ 명

4-2

$1\frac{1}{4}$ L짜리 주스가 8개 있습니다. 한 사람이 $\frac{5}{6}$ L씩 마신다면 몇 명이 마실 수 있는지 풀이 과정을 쓰고 답을 구하시오.

풀이

답 _____

01 가장 큰 수를 가장 작은 수로 나눈 몫을 구하시오.

$$\frac{9}{17} \qquad \frac{4}{17} \qquad \frac{13}{17}$$

( )

02 계산 결과가 큰 것부터 차례로 기호를 쓰시오.

㉠ $\frac{7}{12} \div \frac{5}{12}$ ㉡ $\frac{11}{15} \div \frac{4}{15}$ ㉢ $\frac{10}{19} \div \frac{3}{19}$

( )

03 ☐ 안에 알맞은 수를 써넣으시오.

$$\frac{4}{5} \div \frac{\boxed{}}{15} = 2$$

04 우유를 주원이는 $\frac{7}{8}$ L 마셨고 지아는 $\frac{5}{6}$ L 마셨습니다. 주원이가 마신 우유의 양은 지아가 마신 우유의 양의 몇 배입니까?

( )

05 계산 결과를 비교하여 ◯ 안에 >, =, <를 알맞게 써넣으시오.

$$14 \div \frac{7}{13} \bigcirc 24 \div \frac{8}{11}$$

06 고구마 16 kg을 한 상자에 $\frac{1}{3}$ kg씩 나누어 담으려고 합니다. 몇 개의 상자에 나누어 담을 수 있습니까?

( )

07 분수의 곱셈으로 나타내어 계산하시오.

(1) $\frac{2}{5} \div \frac{3}{4}$

(2) $\frac{6}{7} \div \frac{5}{8}$

08 ☐ 안에 알맞은 수를 써넣으시오.

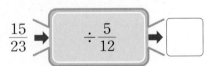

$$\frac{15}{23} \rightarrow \boxed{\div \frac{5}{12}} \rightarrow \boxed{}$$

09 계산 결과가 1보다 작은 것을 찾아 기호를 쓰시오.

ㄱ $\dfrac{8}{9} \div \dfrac{2}{3}$ 　 ㄴ $\dfrac{3}{4} \div \dfrac{6}{7}$ 　 ㄷ $\dfrac{7}{12} \div \dfrac{3}{10}$

(　　　　)

10 □ 안에 알맞은 수를 써넣으시오.

$$\boxed{} \times \dfrac{13}{14} = \dfrac{8}{21}$$

11 $1\dfrac{2}{3} \div \dfrac{3}{4}$ 을 두 가지 방법으로 계산하시오.

방법 1

방법 2

12 계산 결과가 자연수인 것을 찾아 ○표 하시오.

$5\dfrac{1}{3} \div \dfrac{4}{5}$ 　　 $4\dfrac{1}{2} \div \dfrac{3}{4}$

(　　) 　 (　　)

13 □ 안에 들어갈 수 있는 가장 큰 자연수를 구하시오.

$$\boxed{} < 7\dfrac{1}{2} \div \dfrac{6}{11}$$

(　　　　)

14 넓이가 $4\dfrac{1}{5}$ cm²이고 밑변의 길이가 $2\dfrac{5}{8}$ cm인 평행사변형의 높이는 몇 cm입니까?

(　　　　)

분수의 나눗셈

1

15 ㉠÷㉡의 값은 얼마입니까?

> ㉠ 분모가 5인 진분수 중 가장 큰 수
> ㉡ 분모가 9인 진분수 중 가장 큰 수

(   )

16 우유를 한 사람에게 $\dfrac{8}{11}$ L씩 나누어 주려고 합니다. 우유가 12 L 있다면 우유를 몇 명까지 나누어 줄 수 있습니까?

(   )

17 ㉠÷㉡의 값은 얼마입니까?

> ㉠ 분모가 9인 대분수 중 가장 작은 수
> ㉡ 분모가 11인 대분수 중 가장 작은 수

(   )

18 들이가 $10\dfrac{4}{5}$ L인 물통에 물이 가득 들어 있습니다. 이 물통의 물을 덜어서 다른 물통에 모두 옮기려면 들이가 $\dfrac{4}{9}$ L인 물병으로 적어도 몇 번 덜어 내야 합니까?

(   )

서술형

19 작은 수를 큰 수로 나눈 몫은 얼마인지 풀이 과정을 쓰고 답을 구하시오.

$$\dfrac{7}{9} \qquad \dfrac{11}{15}$$

풀이

답

서술형

20 3장의 수 카드를 한 번씩만 사용하여 만들 수 있는 대분수 중에서 가장 큰 수를 $\dfrac{4}{7}$로 나눈 몫은 얼마인지 풀이 과정을 쓰고 답을 구하시오.

5 7 9

풀이

답

[01~02] □ 안에 알맞은 수를 써넣으시오.

01 $\frac{4}{7}$ 는 $\frac{1}{7}$ 이 □개, $\frac{2}{7}$ 는 $\frac{1}{7}$ 이 □개입니다.

→ $\frac{4}{7} \div \frac{2}{7} = \Box \div \Box = \Box$

02 $\frac{5}{9}$ 는 $\frac{1}{9}$ 이 □개, $\frac{7}{9}$ 은 $\frac{1}{9}$ 이 □개입니다.

→ $\frac{5}{9} \div \frac{7}{9} = \Box \div \Box = \dfrac{\Box}{\Box}$

03 ㉠과 ㉡에 알맞은 수를 각각 구하시오.

$$\frac{3}{8} \div \frac{5}{6} = \frac{㉠}{24} \div \frac{㉡}{24}$$

㉠ (   ), ㉡ (   )

04 보기 와 같이 계산을 하시오.

보기
$$5 \div \frac{2}{3} = \frac{15}{3} \div \frac{2}{3} = 15 \div 2 = \frac{15}{2} = 7\frac{1}{2}$$

$4 \div \frac{3}{8}$

[05~06] 분수의 곱셈으로 나타내어 계산하시오.

05 $\frac{5}{7} \div \frac{4}{5}$

06 $\frac{7}{8} \div \frac{4}{9}$

07 빈칸에 알맞은 수를 써넣으시오.

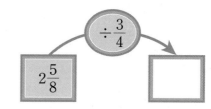

08 가장 큰 수를 가장 작은 수로 나눈 몫을 구하시오.

6	$\frac{5}{8}$	$\frac{1}{8}$

(   )

09 계산 결과가 다른 하나를 찾아 기호를 쓰시오.

㉠ $\frac{6}{7} \div \frac{3}{14}$	㉡ $\frac{4}{5} \div \frac{4}{15}$	㉢ $\frac{2}{9} \div \frac{1}{18}$

(   )

10 계산 결과를 비교하여 ○ 안에 >, =, <를 알맞게 써넣으시오.

$$\frac{3}{4} \div \frac{2}{5} \bigcirc 1\frac{3}{8} \div \frac{4}{7}$$

11 큰 수를 작은 수로 나눈 몫을 구하시오.

$\frac{17}{20}$	$\frac{23}{30}$

(   )

단원 평가 기본　　1. 분수의 나눗셈

12 □ 안에 알맞은 수가 다른 하나를 찾아 기호를 쓰시오.

$$\bigcirc\ \square\div\frac{1}{4}=20 \qquad \bigcirc\ 2\div\frac{1}{\square}=10$$

$$\bigcirc\ \square\div\frac{1}{7}=35 \qquad \bigcirc\ 9\div\frac{1}{\square}=54$$

(　　　　　　　)

13 계산 결과가 큰 것부터 차례로 1, 2, 3을 쓰시오.

$$2\frac{1}{4}\div\frac{5}{7} \qquad 2\frac{3}{5}\div\frac{5}{8} \qquad 2\frac{8}{9}\div\frac{1}{2}$$

(　　　) (　　　) (　　　)

14 선영이네 집에서는 밥을 한 번 지을 때 현미를 $\frac{1}{9}$ kg 사용한다고 합니다. 현미가 $\frac{8}{9}$ kg 있다면 밥을 몇 번 지을 수 있습니까?

(　　　　　　　)

15 식혜 $\frac{5}{8}$ L의 가격이 6000원입니다. 이 식혜 1 L의 가격은 얼마입니까?

(　　　　　　　)

16 굵기가 일정한 철근 $\frac{3}{4}$ m의 무게가 $\frac{7}{10}$ kg입니다. 이 철근 1 m의 무게는 몇 kg입니까?

(　　　　　　　)

17 넓이가 $2\frac{2}{5}$ m²이고 세로가 $\frac{6}{7}$ m인 직사각형의 가로는 몇 m입니까?

(　　　　　　　)

18 세 분수 중 두 분수를 골라 □ 안에 한 번씩만 써넣어 계산 결과가 가장 작은 나눗셈식을 만들고 계산 결과를 구하시오.

$$1\frac{2}{3} \qquad 2\frac{1}{4} \qquad 3\frac{1}{5} \qquad\qquad \square\div\square$$

(　　　　　　　)

19 길이가 $7\frac{1}{2}$ m인 철사를 모두 사용하여 한 변의 길이가 $1\frac{1}{4}$ m인 정다각형 모양을 만들었습니다. 만든 정다각형의 이름을 쓰시오.

(　　　　　　　)

20 $1\frac{1}{2}$ L짜리 음료수가 12개 있습니다. 한 사람이 $\frac{2}{5}$ L씩 마신다면 몇 명이 마실 수 있습니까?

(　　　　　　　)

QR 코드를 찍어 **단원 평가** 를 더 풀어 보세요.

2 소수의 나눗셈

1단계 핵심 개념

개념에 대한 **자세한 동영상 강의**를 시청하세요.

개념 ❶ 자연수의 나눗셈을 이용하여 계산하는 (소수)÷(소수)

- (소수 한 자리 수)÷(소수 한 자리 수)

$$2.8 \div 0.4$$

10배　　　　10배

$$28 \div 4 = 7$$

- (소수 두 자리 수)÷(소수 두 자리 수)

$$1.28 \div 0.16$$

100배　　　　100배

$$128 \div 16 = 8$$

핵심 나눗셈에서 나누어지는 수와 나누는 수에 같은 수를 곱하면 몫은 변하지 않음

나누어지는 수와 ❶ ☐☐☐ 수에 똑같이 10배 또는 100배 하여 (자연수)÷(자연수)로 바꾸어 계산합니다.

[전에 배운 내용]

- 나누는 수가 같고 나누어지는 수가 $\frac{1}{10}$배, $\frac{1}{100}$배가 되면 몫도 $\frac{1}{10}$배, $\frac{1}{100}$배가 됩니다.

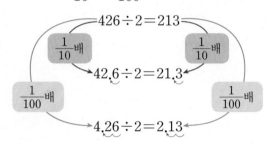

$$426 \div 2 = 213$$
$\frac{1}{10}$배　　　　$\frac{1}{10}$배
$$42.6 \div 2 = 21.3$$
$\frac{1}{100}$배　　　　$\frac{1}{100}$배
$$4.26 \div 2 = 2.13$$

나누어지는 수의 소수점이 왼쪽으로 한 자리 이동하면 몫의 소수점도 왼쪽으로 한 자리 이동합니다.

개념 ❷ 자릿수가 다른 (소수)÷(소수) 세로로 계산하기

- (소수 두 자리 수)÷(소수 한 자리 수)

```
        3.6                    3.6
1.40)5 0 4 0    →    1.4)5 0 4
     4 2 0                 4 2
       8 4 0                 8 4
       8 4 0                 8 4
           0                    0
```

핵심 몫을 쓸 때 옮긴 소수점의 위치에서 소수점을 찍음

나누는 수와 나누어지는 수의 소수점을 각각
❷ ☐☐☐ 으로 똑같이 옮겨 나누는 수가
❸ ☐☐☐ 가 되도록 식을 바꾸어 계산합니다.

[전에 배운 내용]

- (소수)÷(자연수)

```
4)2 3.5 6    →    4)2 3.5 6
                   -2 0
                      3
```

```
→    4)2 3.5 6    →    4)2 3.5 6
      -2 0               -2 0
         3 5               3 5
       - 3 2             - 3 2
            3               3 6
                          - 3 6
                             0
```

[앞으로 배울 내용]

- 유리수의 계산(중학교)

정답 ❶ 나누는 ❷ 오른쪽 ❸ 자연수

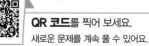
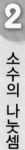

 체크

1-1 ☐ 안에 알맞은 수를 써넣으시오.

(1)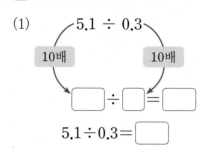

$5.1 \div 0.3 =$ ☐

(2)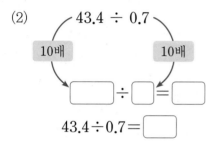

$43.4 \div 0.7 =$ ☐

 체크

2-1 계산을 하시오.

(1)
$$1.6 \overline{)8.4\,8}$$

(2)
$$3.5 \overline{)1\,5.7\,5}$$

(3)
$$5.5 \overline{)7\,7}$$

(4)
$$2.4 \overline{)3\,6}$$

1-2 ☐ 안에 알맞은 수를 써넣으시오.

(1)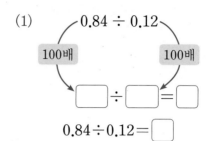

$0.84 \div 0.12 =$ ☐

(2)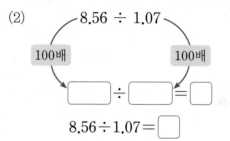

$8.56 \div 1.07 =$ ☐

2-2 계산을 하시오.

(1) $26.25 \div 7.5$

(2) $8.88 \div 3.7$

(3) $6.08 \div 1.9$

(4) $24 \div 0.32$

(5) $33 \div 2.75$

(6) $66 \div 1.65$

소수의 나눗셈

[01~06] ☐ 안에 알맞은 수를 써넣으시오.

01 $23.4 \div 1.8 = 234 \div \boxed{} = \boxed{}$

02 $3.78 \div 0.14 = 378 \div \boxed{} = \boxed{}$

03 $3.6 \div 0.4 = \dfrac{36}{10} \div \dfrac{\boxed{}}{10} = 36 \div \boxed{} = \boxed{}$

04 $7.8 \div 1.3 = \dfrac{78}{10} \div \dfrac{\boxed{}}{10}$
$= 78 \div \boxed{} = \boxed{}$

05 $6.84 \div 0.12 = \dfrac{684}{100} \div \dfrac{\boxed{}}{100}$
$= 684 \div \boxed{} = \boxed{}$

06 $8.64 \div 2.16 = \dfrac{864}{100} \div \dfrac{\boxed{}}{100}$
$= 864 \div \boxed{} = \boxed{}$

[07~12] ☐ 안에 알맞은 수를 써넣으시오.

07
$$2.7\,)\,\overline{10.8}$$

08
$$0.8\,)\,\overline{22.4}$$

09
$$0.7\,)\,\overline{3.5}$$

10
$$0.73\,)\,\overline{9.49}$$

11
$$0.38\,)\,\overline{2.66}$$

12
$$0.49\,)\,\overline{7.84}$$

[13~18] ☐ 안에 알맞은 수를 써넣으시오.

13

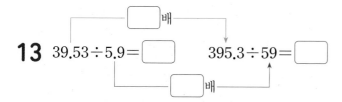

$39.53 \div 5.9 = \boxed{}$ ☐배 $395.3 \div 59 = \boxed{}$ ☐배

14

$1.44 \div 0.8 = \boxed{}$ ☐배 $144 \div 80 = \boxed{}$ ☐배

15 $7 \div 1.4 = \dfrac{\boxed{}}{10} \div \dfrac{14}{10} = \boxed{} \div 14 = \boxed{}$

16 $15 \div 2.5 = \dfrac{\boxed{}}{10} \div \dfrac{25}{10}$

$= \boxed{} \div 25 = \boxed{}$

17 $4 \div 0.16 = \dfrac{\boxed{}}{100} \div \dfrac{16}{100}$

$= \boxed{} \div 16 = \boxed{}$

18 $84 \div 0.35 = \dfrac{\boxed{}}{100} \div \dfrac{35}{100}$

$= \boxed{} \div 35 = \boxed{}$

[19~22] ☐ 안에 알맞은 수를 써넣으시오.

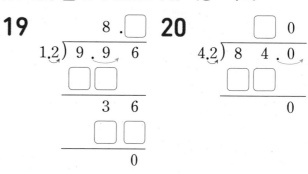

19
```
           8 . ☐
    1.2) 9 . 9  6
         ☐ ☐
         3    6
         ☐ ☐
              0
```

20
```
           ☐    0
    4.2) 8  4 . 0
         ☐ ☐
              0
```

21
```
            1  ☐
    2.2) 3  3 . 0
         ☐ ☐
         1  1  0
         ☐ ☐ ☐
              0
```

22
```
              ☐
    1.25) 5 . 0  0
          ☐ ☐ ☐
                0
```

[23~24] ☐ 안에 알맞은 수를 써넣으시오.

23

$$2.8 \div 0.6 = 4.666\cdots\cdots$$

(1) 몫을 반올림하여 소수 첫째 자리까지 나타 내면 ☐ 입니다.

(2) 몫을 반올림하여 소수 둘째 자리까지 나타 내면 ☐ 입니다.

24

$$4.5 \div 0.7 = 6.428\cdots\cdots$$

(1) 몫을 반올림하여 소수 첫째 자리까지 나타 내면 ☐ 입니다.

(2) 몫을 반올림하여 소수 둘째 자리까지 나타 내면 ☐ 입니다.

2

소수의 나눗셈

2단계 기본 유형

→ 핵심 내용 ▸ 나누는 수와 나누어지는 수에 같은 수를 곱해 자연수의 나눗셈으로 계산

유형 01 (소수)÷(소수)(1) ─자연수의 나눗셈 이용하기

01 철사 12.6 cm를 0.6 cm씩 자르려고 합니다. □ 안에 알맞은 수를 써넣으시오.

> 12.6 cm = □ mm, 0.6 cm = 6 mm입니다. 철사 12.6 cm를 0.6 cm씩 자르는 것은 철사 □ mm를 6 mm씩 자르는 것과 같습니다.

$$12.6 \div 0.6 = \boxed{} \div 6$$

$$\boxed{} \div 6 = \boxed{}$$

$$12.6 \div 0.6 = \boxed{}$$

02 소수의 나눗셈을 자연수의 나눗셈을 이용하여 계산하시오.

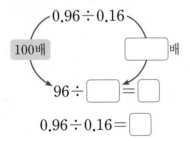

03 □ 안에 알맞은 수를 써넣으시오.

(1) $19.2 \div 0.8 = 192 \div \boxed{} = \boxed{}$

(2) $4.32 \div 0.16 = 432 \div \boxed{} = \boxed{}$

→ 핵심 내용 ▸ 분모가 10 또는 100인 분수로 바꾸어 계산

유형 02 (소수)÷(소수)(2) ─분수의 나눗셈 이용하기

04 □ 안에 알맞은 수를 써넣으시오.

(1) $4.5 \div 0.5 = \dfrac{45}{\boxed{}} \div \dfrac{5}{\boxed{}}$

$$= 45 \div \boxed{} = \boxed{}$$

(2) $2.72 \div 0.34 = \dfrac{272}{\boxed{}} \div \dfrac{34}{\boxed{}}$

$$= 272 \div \boxed{} = \boxed{}$$

05 소수의 나눗셈을 분수의 나눗셈으로 바꾸어 계산하시오.

(1) $4.8 \div 0.6$

(2) $2.25 \div 0.25$

06 나눗셈의 몫을 찾아 선으로 이으시오.

$5.6 \div 0.2$	•		•	11
$3.22 \div 0.46$	•		•	28
$1.87 \div 0.17$	•		•	7

07 바르게 계산한 것을 찾아 기호를 쓰시오.

$$⊙ \ 3.6 ÷ 0.9 = \frac{36}{10} ÷ \frac{9}{10} = 36 ÷ 9 = 4$$

$$ⓒ \ 2.45 ÷ 0.35 = \frac{245}{100} ÷ \frac{35}{100} = \frac{245 ÷ 35}{100}$$
$$= \frac{7}{100} = 0.07$$

( )

08 계산 결과를 비교하여 ◯ 안에 >, =, <를 알맞게 써넣으시오.

$$19.5 ÷ 1.5 \ \bigcirc \ 37.76 ÷ 2.36$$

09 ⊙, ⓒ, ⓒ에 알맞은 수들의 합을 구하시오.

$$5.36 ÷ 0.67 = \frac{536}{100} ÷ \frac{67}{ⓐ} = ⓑ ÷ 67 = ⓒ$$

( )

핵심 내용 ▶ 소수점을 오른쪽으로 옮겨 계산

유형 **03** (소수)÷(소수)(2) — 세로로 계산하기

10 계산을 하시오.

(1)

$$0.7 \overline{)8.4}$$

(2)

$$0.24 \overline{)1\ 4.8\ 8}$$

어려운유형 **11** 그림을 보고 ☐ 안에 알맞은 수를 써넣으시오.

색연필 .... 16.8 cm

지우개 [지우개] 4.2 cm

색연필의 길이는 지우개의 길이의 ☐ 배입니다.

12 빈칸에 알맞은 수를 써넣으시오.

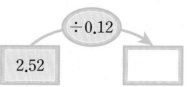

÷0.12

2.52 → ☐

2단계 **기본 유형**

13 나눗셈의 몫을 찾아 선으로 이으시오.

$1.56 \div 0.52$ ·

· 3

· 6

$9.78 \div 1.63$ ·

· 8

14 몫이 더 큰 쪽에 ○표 하시오.

| $28.8 \div 1.2$ | $13.23 \div 0.63$ |

(   )   (   )

15 가장 큰 수를 가장 작은 수로 나눈 몫을 구하시오.

| 0.41   0.59   9.43 |

(   )

핵심 내용 → 똑같이 10배 또는 100배 하여 계산

유형 **04** (소수)÷(소수)(3) ─자릿수가 다른 (소수)÷(소수)

교과서유형

16 ☐ 안에 알맞은 수를 써넣으시오.

$2.76 \div 1.2$는 2.76과 1.2를 각각 ☐ 배씩 해서 계산하면 $276 \div$ ☐ $= 2.3$입니다.

17 나눗셈의 몫에 소수점을 바르게 찍으시오.

(1)
$$
\begin{array}{r}
5\,6 \\
4.6{\overline{\smash{\big)}\,2\,5.7\,6}} \\
2\,3\,0 \\
\hline
2\,7\,6 \\
2\,7\,6 \\
\hline
0
\end{array}
$$

(2)
$$
\begin{array}{r}
1\,4 \\
25.2{\overline{\smash{\big)}\,3\,5.2\,8}} \\
2\,5\,2 \\
\hline
1\,0\,0\,8 \\
1\,0\,0\,8 \\
\hline
0
\end{array}
$$

18 계산을 하시오.

(1)
$$
4.5{\overline{\smash{\big)}\,8.5\,5}}
$$

(2)
$$
0.7{\overline{\smash{\big)}\,6.5\,1}}
$$

핵심 내용 자연수와 소수를 분수로 바꾸어 계산

유형 05 (자연수)÷(소수)─분수의 나눗셈 이용하기

19 보기 와 같이 분수의 나눗셈으로 계산하시오.

> **보기**
>
> $$36 \div 1.2 = \frac{360}{10} \div \frac{12}{10} = 360 \div 12 = 30$$

$$76 \div 1.9$$

20 ☐ 안에 알맞은 수를 써넣으시오.

$$54 \div 6 = \boxed{}$$

$$54 \div 0.6 = \boxed{}$$

$$54 \div 0.06 = \boxed{}$$

21 소수의 나눗셈을 분수의 나눗셈으로 바꾸어 계산한 것입니다. 잘못 계산한 것을 찾아 기호를 쓰고 바르게 고쳐 계산하시오.

> ㉠ $72 \div 4.8 = \dfrac{720}{10} \div \dfrac{48}{10} = 720 \div 48 = 15$
>
> ㉡ $12 \div 0.24 = \dfrac{120}{100} \div \dfrac{24}{100} = 120 \div 24 = 5$

(   )

바른 계산

핵심 내용 소수점을 오른쪽으로 옮겨 계산

유형 06 (자연수)÷(소수)─세로로 계산하기

22 계산을 하시오.

(1)
$$8.5 \overline{)3\,4}$$

(2)
$$0.28 \overline{)2\,1}$$

23 자연수를 소수로 나눈 몫을 구하시오.

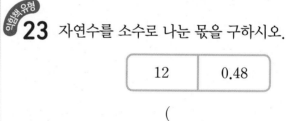

12	0.48

(   )

24 빈칸에 알맞은 수를 써넣으시오.

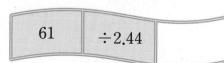

61	÷2.44	

2 소수의 나눗셈

2단계 기본 유형

→ **핵심 내용** 구하려는 자리 바로 아래 자리에서 반올림하기

유형 07 몫을 반올림하여 나타내기

25 1.4÷0.6의 몫을 반올림하여 자연수로 나타내려고 합니다. ☐ 안에 알맞은 수나 말을 써넣으시오.

$$1.4 \div 0.6 = 2.333\cdots\cdots$$

소수 ☐ 자리에서 반올림하여 일의 자리까지 나타내면 ☐ 입니다.

26 몫을 반올림하여 소수 첫째 자리까지 나타내시오.

$$18.5 \div 9$$

( )

27 계산 결과를 비교하여 ○ 안에 >, =, <를 알맞게 써넣으시오.

| 5.5÷0.7의 몫을 반올림 하여 소수 둘째 자리까지 나타낸 수 | ○ | 5.5÷0.7 |

→ **핵심 내용** 몫을 자연수까지 구하고 나머지 알아보기

유형 08 나누어 주고 남는 양

28 감자 13.7 kg을 한 상자에 4 kg씩 나누어 담으려고 합니다. ☐ 안에 알맞은 수를 써넣으시오.

(1) $13.7 - 4 - 4 - 4 = $ ☐

(2) 나누어 담을 수 있는 상자 수: ☐ 상자

(3) 나누어 담고 남는 감자의 양: ☐ kg

29 물 22.5 L를 한 통에 3 L씩 나누어 담을 때 몇 통에 나누어 담을 수 있고 남는 물의 양은 몇 L인지 구하려고 합니다. ☐ 안에 알맞은 수를 써넣으시오.

```
      ☐
 3 ) 2 2 . 5
     2 1
     ☐ . ☐
```

나누어 담을 수 있는
물통 수: ☐ 통
남는 물의 양: ☐ L

30 한 상자를 묶는 데 끈 2 m가 필요합니다. 끈 13.5 m로 묶을 수 있는 상자 수와 남는 끈의 길이는 몇 m인지 차례로 구하시오.

( ), ( )

잘 틀리는 유형 09 모르는 수 구하기

31 빈 곳에 알맞은 수를 써넣으시오.

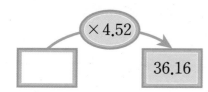

32 ☐ 안에 알맞은 수를 써넣으시오.

$$☐ \times 6.6 = 9.24$$

33 어떤 수에 4.6을 곱했더니 11.04가 되었습니다. 어떤 수를 구하시오.

( )

KEY 어떤 수에 ★을 곱했더니 ▲가 되었습니다.
➡ (어떤 수) × ★ = ▲

잘 틀리는 유형 10 몫의 소수점 아래 숫자의 규칙 찾기

34 몫의 소수 8째 자리 숫자를 구하시오.

$$5.2 \div 3$$

( )

35 계산기로 다음 버튼을 차례로 눌렀습니다. 몫의 소수 15째 자리 숫자를 구하시오.

( )

36 몫을 반올림하여 소수 9째 자리까지 나타낼 때 몫의 소수 9째 자리 숫자를 구하시오.

$$80.8 \div 9$$

( )

KEY 몫의 소수점 아래 숫자가 반복되는 규칙을 찾아 소수 10째 자리 숫자를 알아본 후 소수 10째 자리에서 반올림합니다.

2 소수의 나눗셈

1-1

넓이가 18.4 cm²인 삼각형이 있습니다. 높이가 4.6 cm일 때 밑변의 길이는 몇 cm인지 풀이 과정을 완성하고 답을 구하시오.

풀이 (삼각형의 넓이)

= (밑변의 길이) × (높이) ÷ ◻ 이므로

밑변의 길이를 ▲ cm라고 하면

▲ × 4.6 ÷ ◻ = 18.4입니다.

→ ▲ × 4.6 = ◻,

▲ = ◻ ÷ ◻, ▲ = ◻

답 ◻ cm

1-2

넓이가 22.86 cm²인 삼각형이 있습니다. 높이가 3.81 cm일 때 밑변의 길이는 몇 cm인지 풀이 과정을 쓰고 답을 구하시오.

풀이

답 _____

2-1

준희의 몸무게는 54 kg입니다. 준희의 몸무게가 수민이의 몸무게의 1.2배일 때 준희와 수민이의 몸무게의 합은 몇 kg인지 풀이 과정을 완성하고 답을 구하시오.

풀이 (준희의 몸무게)

= (수민이의 몸무게) × ◻ 이므로

(수민이의 몸무게) = ◻ ÷ ◻

= ◻ (kg)입니다.

따라서 준희와 수민이의 몸무게의 합은

54 + ◻ = ◻ (kg)입니다.

답 ◻ kg

2-2

건우가 캔 감자의 무게는 39.6 kg입니다. 건우가 캔 감자의 무게가 원지가 캔 감자의 무게의 1.8배일 때 건우와 원지가 캔 감자의 무게의 합은 몇 kg인지 풀이 과정을 쓰고 답을 구하시오.

풀이

답 _____

3-1

몫을 반올림하여 소수 첫째 자리까지 나타낸 몫과 소수 둘째 자리까지 나타낸 몫의 차는 얼마인지 풀이 과정을 완성하고 답을 구하시오.

$$6.1 \div 7$$

풀이 $6.1 \div 7$의 몫을 소수 셋째 자리까지 구하면 ☐이므로 반올림하여 소수 첫째 자리까지 나타내면 ☐이고, 반올림하여 소수 둘째 자리까지 나타내면 ☐입니다.

➡ (몫의 차)= ☐ − ☐ = ☐

답 ☐

3-2

몫을 반올림하여 소수 첫째 자리까지 나타낸 몫과 소수 둘째 자리까지 나타낸 몫의 차는 얼마인지 풀이 과정을 쓰고 답을 구하시오.

$$5.21 \div 8$$

풀이

답 _____

4-1

17.1 m의 리본을 한 사람에 4 m씩 나누어 주려고 합니다. 나누어 줄 수 있는 사람 수와 남는 리본의 길이는 몇 m인지 두 가지 방법으로 구하려고 합니다. 풀이 과정을 완성하고 답을 구하시오.

풀이 **방법1** $17.1 - 4 - ☐ - ☐ - ☐ = ☐$

방법2

$$\begin{array}{r} ☐ \\ 4 \overline{)\ 1\ \ 7\ .\ 1} \\ \underline{\ ☐\ \ ☐\ } \\ ☐\ .\ ☐ \end{array}$$

답 나누어 줄 수 있는 사람 수: ☐명

남는 리본의 길이: ☐ m

4-2

쌀 10.4 kg을 한 봉지에 3 kg씩 담으려고 합니다. 나누어 담을 수 있는 봉지 수와 남는 쌀의 양은 몇 kg인지 두 가지 방법으로 구하려고 합니다. 풀이 과정을 쓰고 답을 구하시오.

풀이

답 _____ , _____

3단계 2. 소수의 나눗셈
유형 평가

01 소수의 나눗셈을 자연수의 나눗셈을 이용하여 계산하시오.

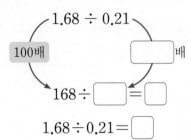

$1.68 \div 0.21$

100배   □배

$168 \div □ = □$

$1.68 \div 0.21 = □$

02 □ 안에 알맞은 수를 써넣으시오.

(1) $6.4 \div 0.4 = 64 \div □ = □$

(2) $1.12 \div 0.14 = 112 \div □ = □$

03 소수의 나눗셈을 분수의 나눗셈으로 바꾸어 계산하시오.

(1) $2.1 \div 0.3$

(2) $4.07 \div 0.37$

04 계산 결과를 비교하여 ○ 안에 >, =, <를 알맞게 써넣으시오.

$21.6 \div 0.8$ ○ $2.03 \div 0.07$

05 계산을 하시오.

(1)
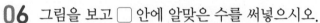
$1.6 \overline{)1\,2.8}$

(2)
$1.34 \overline{)9.3\,8}$

06 그림을 보고 □ 안에 알맞은 수를 써넣으시오.

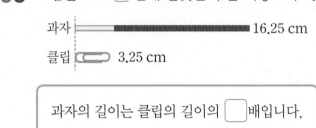

과자 ▭▭▭▭▭ 16.25 cm

클립 ⬯ 3.25 cm

과자의 길이는 클립의 길이의 □배입니다.

07 가장 큰 수를 가장 작은 수로 나눈 몫을 구하시오.

| 8.24 | 1.03 | 1.28 |

(   )

08 나눗셈의 몫에 소수점을 바르게 찍으시오.

(1)
$$1.4\,)\overline{6.5\ 8}$$
4 7
5 6
9 8
9 8
0

(2)
$$4.2\,)\overline{8.8\ 2}$$
2 1
8 4
4 2
4 2
0

09 계산을 하시오.

(1)
$$2.7\,)\overline{8.6\ 4}$$

(2)
$$1.6\,)\overline{7.5\ 2}$$

10 ☐ 안에 알맞은 수를 써넣으시오.

$91 \div 7 = \boxed{}$

$91 \div 0.7 = \boxed{}$

$91 \div 0.07 = \boxed{}$

11 자연수를 소수로 나눈 몫을 구하시오.

48	0.64

(   )

12 몫을 반올림하여 소수 첫째 자리까지 나타내시오.

$$9.6 \div 7$$

(   )

13 계산 결과를 비교하여 ◯ 안에 >, =, <를 알맞게 써넣으시오.

20.9÷9의 몫을 반올림
하여 소수 둘째 자리까지
나타낸 수   20.9÷9

14 목걸이 한 개를 만드는 데 금 3 g이 필요합니다. 금 27.9 g으로 만들 수 있는 목걸이 수와 남는 금의 양은 몇 g인지 차례로 구하시오.

(   ), (   )

소수의 나눗셈

2

15 □ 안에 알맞은 수를 써넣으시오.

$$5.8 \times \boxed{} = 12.76$$

16 계산기로 다음 버튼을 차례로 눌렀습니다. 몫의 소수 21째 자리 숫자를 구하시오.

$$\boxed{8} \; \boxed{.} \; \boxed{3} \; \boxed{\div} \; \boxed{1} \; \boxed{.} \; \boxed{1} \; \boxed{=}$$

(   )

17 어떤 수에 3.9를 곱했더니 20.67이 되었습니다. 어떤 수를 구하시오.

(   )

18 몫을 반올림하여 소수 7째 자리까지 나타낼 때 몫의 소수 7째 자리 숫자를 구하시오.

$$27.5 \div 3$$

(   )

19 넓이가 11.22 cm²인 평행사변형이 있습니다. 높이가 3.4 cm일 때 밑변의 길이는 몇 cm인지 풀이 과정을 쓰고 답을 구하시오.

풀이

답

20 몫을 반올림하여 소수 첫째 자리까지 나타낸 몫과 소수 둘째 자리까지 나타낸 몫의 합은 얼마인지 풀이 과정을 쓰고 답을 구하시오.

$$7.8 \div 5.5$$

풀이

답

정답 및 풀이 **15**쪽

01 리본 2.04 m를 0.34 m씩 자르면 몇 도막이 되는지 알아보려고 합니다. ☐ 안에 알맞은 수를 써넣으시오.

> 2.04 m=204 cm, 0.34 m=☐ cm입니다. 2.04÷0.34=204÷☐=☐이므로 리본 2.04 m를 0.34 m씩 자르면 ☐도막이 됩니다.

[02~03] 계산을 하시오.

02

$0.8 \overline{)7.2}$

03

$3.6 \overline{)7\ 5.6}$

04 빈칸에 알맞은 수를 써넣으시오.

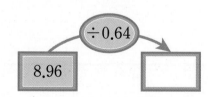

05 큰 수를 작은 수로 나눈 몫을 구하시오.

| 64.8 | 3.6 |

( )

06 몫이 다른 하나를 찾아 기호를 쓰시오.

> ㉠ 57.2÷2.6
> ㉡ 19.2÷1.2
> ㉢ 1.76÷0.08

( )

[07~08] ☐ 안에 알맞은 수를 써넣으시오.

07 32.93÷8.9=3293÷☐=☐

08 59.22÷9.4=☐÷94=☐

09 계산 결과를 비교하여 ○ 안에 >, =, <를 알맞게 써넣으시오.

16.64÷6.4 ○ 15.66÷5.4

10 ☐ 안에 알맞은 수를 써넣으시오.

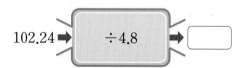

102.24 ➡ ÷4.8 ➡ ☐

단원 평가 기본   2. 소수의 나눗셈

11 잘못 계산한 곳을 찾아 바르게 계산하시오.

$$2.6 \overline{)\, 1\,1\,7}$$

```
        4.5
2.6) 1 1 7
     1 0 4
       1 3 0
       1 3 0
           0
```

→

12 보기 와 같이 분수의 나눗셈으로 계산하시오.

보기
$$48 \div 0.96 = \frac{4800}{100} \div \frac{96}{100}$$
$$= 4800 \div 96 = 50$$

$21 \div 0.35$

[13~15] 16÷7의 **몫을 보고 물음에 답하시오.**

13 몫을 소수 셋째 자리까지 계산하시오.

$$7 \overline{)\, 1\,6}$$

14 몫을 반올림하여 소수 첫째 자리까지 나타내시오.

(   )

15 몫을 반올림하여 소수 둘째 자리까지 나타내시오.

(   )

16 □ 안에 알맞은 수를 써넣으시오.

$$20.15 \div \boxed{} = 1.3$$

17 직사각형의 넓이가 $64.8\,cm^2$이고 가로가 $5.4\,cm$일 때 세로는 몇 cm입니까?

(   )

18 수지가 가진 끈의 길이는 1.6 m이고 진규가 가진 끈의 길이는 5.76 m입니다. 진규가 가진 끈의 길이는 수지가 가진 끈의 길이의 몇 배입니까?

(   )

19 성민이의 키는 154 cm이고 성민이 형의 키는 177 cm입니다. 성민이 형의 키는 성민이의 키의 몇 배인지 반올림하여 소수 둘째 자리까지 나타내시오.

(   )

20 설탕 25.9 kg을 한 봉지에 3 kg씩 나누어 담으려고 합니다. 나누어 담을 수 있는 봉지 수와 남는 설탕의 양은 몇 kg인지 차례로 구하시오.

(   ), (   )

QR 코드를 찍어 단원 평가 를 더 풀어 보세요.

공간과 입체

핵심 개념
단계

개념에 대한 **자세한 동영상 강의를** 시청하세요.

개념 ❶ 위, 앞, 옆에서 본 모양 그리기

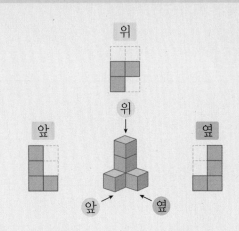

핵심 보는 방향에 따라 보이는 모양이 달라짐

위에서 본 모양은 ❶ ☐ 층의 모양과 같습니다.

앞과 옆에서 본 모양은 각 방향에서 각 줄의 가장

❷ ☐☐ 층의 모양과 같습니다.

[전에 배운 내용]

• 평면도형 밀기

어느 방향으로 밀어도 모양은 그대로이고 위치만 변합니다.

• 평면도형 뒤집기

도형을 오른쪽이나 왼쪽으로 뒤집으면 도형의 오른쪽과 왼쪽이 서로 바뀝니다.

도형을 위쪽이나 아래쪽으로 뒤집으면 도형의 위쪽과 아래쪽이 서로 바뀝니다.

• 평면도형 돌리기

시계 방향으로 90° (직각)만큼 돌리기	시계 방향으로 180° (직각의 2배)만큼 돌리기
시계 방향으로 270° (직각의 3배)만큼 돌리기	시계 방향으로 360° (한 바퀴)만큼 돌리기

개념 ❷ 쌓은 모양과 쌓기나무의 개수 알아보기

• 위에서 본 모양에 수를 쓰는 방법으로 앞, 옆에서 본 모양과 쌓기나무의 개수 알아보기

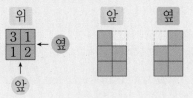

(쌓기나무의 개수)=3+1+1+2=7(개)

➡ 쌓은 모양은 입니다.

핵심 위에서 본 모양에 수를 쓰는 방법 이용

똑같은 모양으로 쌓는 데 필요한 쌓기나무의 개수는 위에서 본 모양의 각 자리에 쓰여 있는 수의 ❸ ☐ 과 같습니다.

[전에 배운 내용]

• 직육면체: 직사각형 6개로 둘러싸인 도형

• 정육면체: 정사각형 6개로 둘러싸인 도형

• 직육면체의 밑면: 직육면체에서 계속 늘여도 만나지 않는 평행한 두 면

• 직육면체의 옆면: 직육면체에서 밑면과 수직인 면

• 직육면체의 겨냥도: 직육면체의 모양을 잘 알 수 있도록 나타낸 그림

• 직육면체의 전개도: 직육면체를 잘라서 펼쳐 놓은 그림

[앞으로 배울 내용]

• 원기둥: 등과 같은 입체도형

• 원뿔: 등과 같은 입체도형

• 구: 등과 같은 공 모양의 입체도형

정답 ❶ 1 ❷ 높은 ❸ 합

기초 문제

체크

1-1 쌓기나무로 쌓은 모양과 위에서 본 모양입니다. 앞에서 본 모양을 그리시오.

(1)

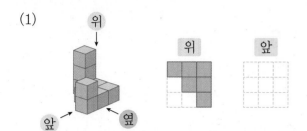

(2)

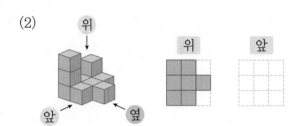

1-2 쌓기나무로 쌓은 모양과 위에서 본 모양입니다. 옆에서 본 모양을 그리시오.

(1)

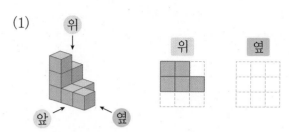

(2)

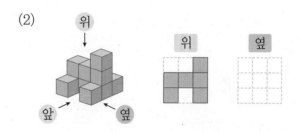

체크

2-1 쌓기나무로 쌓은 모양을 보고 위에서 본 모양에 수를 써넣으시오.

(1)

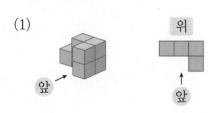

(2)

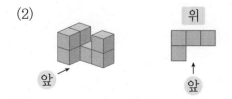

2-2 쌓기나무로 쌓은 모양을 보고 위에서 본 모양에 수를 썼습니다. ☐ 안에 알맞은 수를 써넣으시오.

(1)

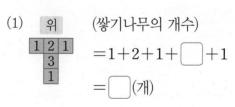

(쌓기나무의 개수)
$=1+2+1+\boxed{}+1$
$=\boxed{}$(개)

(2)

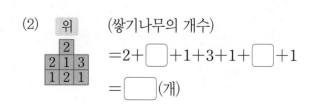

(쌓기나무의 개수)
$=2+\boxed{}+1+3+1+\boxed{}+1$
$=\boxed{}$(개)

3

공간과 입체

1단계 기본 문제

[01~04] 주어진 모양과 똑같이 쌓는 데 필요한 쌓기나무의 개수를 구하시오.

01

위에서 본 모양

( )

02

위에서 본 모양

( )

03

위에서 본 모양

( )

04

위에서 본 모양

( )

[05~07] 쌓기나무로 쌓은 모양과 위에서 본 모양입니다. 앞과 옆에서 본 모양을 각각 그리시오.

05

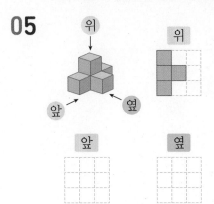

앞   옆

06

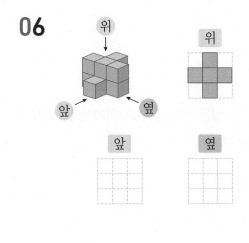

앞   옆

07

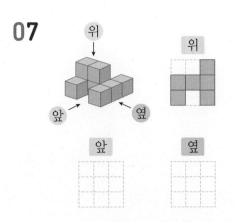

앞   옆

[08~11] 쌓기나무로 쌓은 모양을 보고 위에서 본 모양의 각 자리에 수를 써넣으시오.

08

 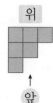

09

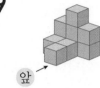 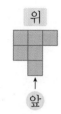

10

 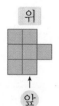

11

 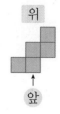

[12~15] 쌓기나무로 쌓은 모양을 보고 1층과 2층 모양을 각각 그리시오.

12

13

  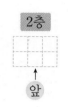

14

  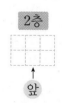

15

3

공간과 입체

2단계 3. 공간과 입체
기본 유형

핵심 내용 → 보는 위치와 방향에 따라 보이는 모양이 다름

유형 01 여러 방향에서 본 모양 알아보기

01 화살표 방향에서 찍은 사진에 ○표 하시오.

( )

( )

02 강아지의 얼굴이 모두 보이게 찍으려면 어느 방향에서 찍어야 하는지 기호를 쓰시오.

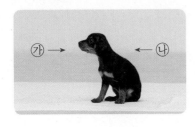

( )

03 오각기둥의 사진을 찍으려고 합니다. 오각형 모양이 나오려면 어느 방향에서 찍어야 하는지 번호를 쓰시오.

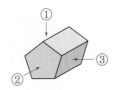

( )

핵심 내용 → 위에서 본 모양으로 보이지 않는 쌓기나무가 있는지 알 수 있음

유형 02 쌓은 모양과 쌓기나무의 개수(1)

04 다음 모양을 위에서 본 모양을 찾아 기호를 쓰시오.

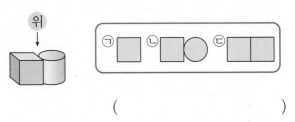

( )

05 쌓기나무 7개로 쌓은 모양입니다. 위에서 본 모양을 찾아 기호를 쓰시오.

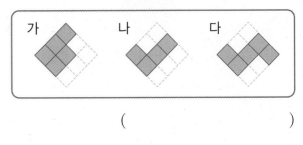

( )

06 쌓기나무를 보기 와 같은 모양으로 쌓았습니다. 돌렸을 때 보기 와 같은 모양을 만들 수 있는 경우에 ○표 하시오.

( )

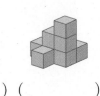
( )

핵심 내용 위: 1층의 모양
앞과 옆: 각 줄의 가장 높은 층의 모양

07 쌓기나무로 쌓은 모양을 보고 위에서 본 모양을 그렸습니다. 관계있는 것끼리 선으로 이으시오.

유형 03 쌓은 모양과 쌓기나무의 개수(2)

10 오른쪽은 쌓기나무로 쌓은 모양입니다. 위, 앞, 옆에서 본 모양을 각각 찾아 (　) 안에 위, 앞, 옆을 알맞게 써넣으시오.

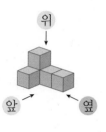

(　　　　) (　　　　) (　　　　)

[08~09] 주어진 모양과 똑같이 쌓는 데 필요한 쌓기나무의 개수를 구하시오.

08

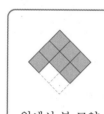

위에서 본 모양

(　　　　　　　　)

09

위에서 본 모양

(　　　　　　　　)

[11~12] 쌓기나무로 쌓은 모양과 위에서 본 모양입니다. 앞에서 본 모양을 그리시오.

11

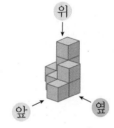

위 　앞

12

위　　앞

3 공간과 입체

2단계 기본유형

[13~14] 쌓기나무로 쌓은 모양과 위에서 본 모양입니다. 옆에서 본 모양을 그리시오.

13

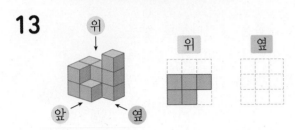

14

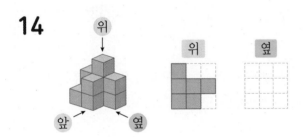

이험책유형
15 쌓기나무 7개로 쌓은 모양입니다. 앞과 옆에서 본 모양을 각각 그리시오.

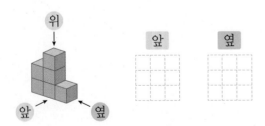

→ **핵심 내용** (쌓기나무의 개수)
　　　　　 =(각 층에 쌓인 쌓기나무 개수의 합)

유형 04 쌓은 모양과 쌓기나무의 개수(2)

[16~17] 쌓기나무로 쌓은 모양을 위, 앞, 옆에서 본 모양입니다. 물음에 답하시오.

16 쌓은 모양을 찾아 기호를 쓰시오.

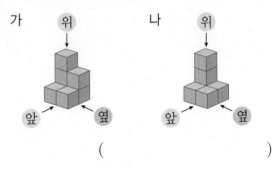

가　　　　　　　　나

(　　　　　)　　　(　　　　　)

17 똑같은 모양으로 쌓는 데 필요한 쌓기나무는 몇 개입니까?

(　　　　　　　　　)

교과서유형
18 쌓기나무로 쌓은 모양을 위, 앞, 옆에서 본 모양입니다. 똑같은 모양으로 쌓는 데 필요한 쌓기나무는 몇 개입니까?

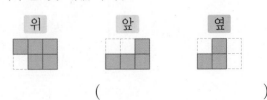

(　　　　　　　　　)

> 핵심 내용 (쌓기나무의 개수)
> =(각 자리에 쓰인 수의 합)

> 핵심 내용 ■층에 쌓은 자리에만 (■＋1)층을 쌓을 수 있음

유형 05 쌓은 모양과 쌓기나무의 개수(3)

교과서 유형

[19~20] 쌓기나무로 쌓은 모양을 보고 위에서 본 모양에 수를 써넣으시오.

19

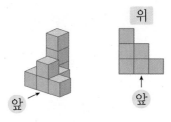

20

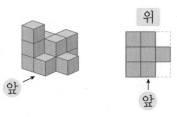

[21~22] 쌓기나무로 쌓은 모양을 보고 위에서 본 모양에 수를 썼습니다. 물음에 답하시오.

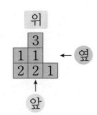

21 똑같은 모양으로 쌓는 데 필요한 쌓기나무는 몇 개입니까?

( )

22 옆에서 본 모양을 그리시오.

유형 06 쌓은 모양과 쌓기나무의 개수(4)

23 쌓기나무로 쌓은 모양을 층별로 나타낸 모양입니다. 똑같은 모양으로 쌓는 데 필요한 쌓기나무는 몇 개입니까?

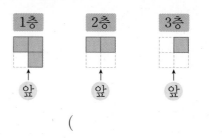

( )

24 쌓기나무로 쌓은 모양을 보고 1층과 2층의 모양을 각각 그리시오.

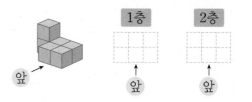

25 쌓기나무로 쌓은 모양과 1층 모양을 보고 2층과 3층의 모양을 각각 그리시오.

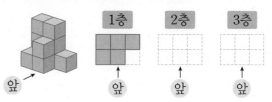

3

공간과 입체

핵심 내용 → 붙이는 위치에 따라 다양한 모양을 만들 수 있음

26 쌓기나무로 1층 위에 2층을 쌓으려고 합니다. 1층 모양을 보고 2층 모양으로 알맞은 것을 찾아 기호를 쓰시오.

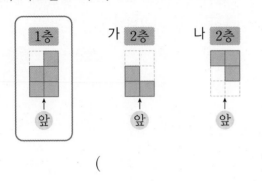

( )

유형 **07** 쌓기나무 1개를 더 붙여 모양 만들기

29 보기 의 모양에 쌓기나무 1개를 더 붙여서 만든 모양입니다. 더 붙인 모양에 ○표 하시오.

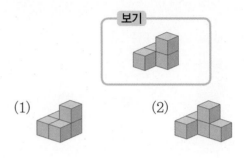

27 쌓기나무로 쌓은 모양을 층별로 나타낸 모양입니다. 위에서 본 모양을 그리고 각 자리에 쌓은 쌓기나무의 개수를 쓰시오.

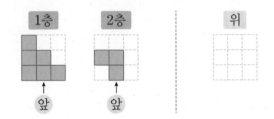

30 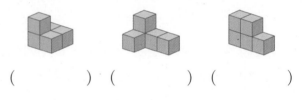 모양에 쌓기나무 1개를 더 붙여서 만든 모양에 ○표 하시오.

( ) ( ) ( )

28 쌓기나무로 쌓은 모양을 층별로 나타낸 모양입니다. 앞에서 본 모양을 그리시오.

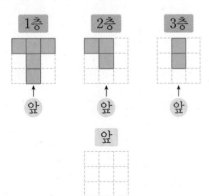

31 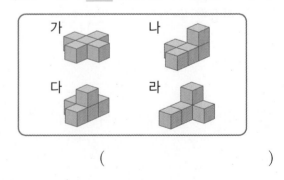 모양에 쌓기나무 1개를 더 붙여서 만들 수 있는 모양이 <u>아닌</u> 것을 찾아 기호를 쓰시오.

가

나

다

라

( )

잘 틀리는 유형 08 두 가지 모양으로 새로운 모양 만들기

32 보기 의 두 쌓기나무 모양을 사용하여 만들 수 있는 모양을 찾아 기호를 쓰시오.

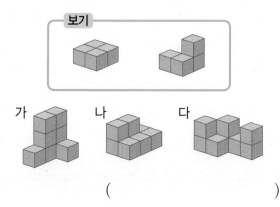

( )

33 보기 의 두 쌓기나무 모양을 사용하여 만들 수 있는 모양이 <u>아닌</u> 것에 ×표 하시오.

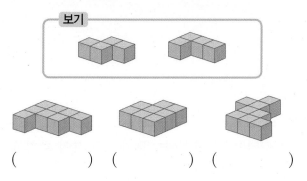

( ) ( ) ( )

합창유형 34 쌓기나무를 각각 4개씩 붙여서 만든 두 가지 모양을 사용하여 새로운 모양을 만들었습니다. 사용한 두 가지 모양을 찾아 기호를 쓰시오.

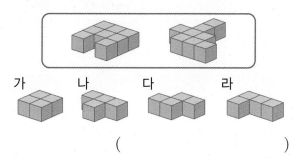

( )

KEY 각 모양이 들어갈 수 있는 위치를 찾고 전체 모양이 나누어지는 지 확인합니다.

잘 틀리는 유형 09 층별로 쌓인 쌓기나무의 개수 구하기

35 위에서 본 모양에 수를 쓴 것을 보고 3층에 쌓인 쌓기나무의 개수를 구하시오.

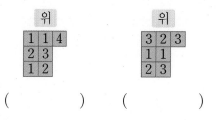

( )

36 위에서 본 모양에 수를 쓴 것을 보고 3층에 쌓인 쌓기나무의 개수가 더 많은 모양에 ○표 하시오.

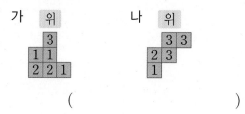

( ) ( )

합창유형 37 위에서 본 모양에 수를 쓴 것을 보고 가와 나 모양의 2층에 쌓인 쌓기나무의 개수의 차는 몇 개인지 구하시오.

가 위
```
    3
1 1
1 2 2 1
```

나 위
```
    3 3
2 3
  1
```

( )

KEY 위에서 본 모양에 수를 썼을 때 ■층에 쌓인 쌓기나무의 개수는 ■ 이상의 수가 쓰여 있는 칸 수와 같습니다.

3 공간과 입체

1-1

쌓기나무로 쌓은 모양을 보고 위에서 본 모양에 수를 쓴 것입니다. 옆에서 볼 때 보이는 쌓기나무는 몇 개인지 풀이 과정을 완성하고 답을 구하시오.

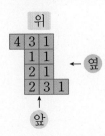

풀이 옆에서 보면 왼쪽에서부터 ☐층, ☐층, ☐층, ☐층으로 보입니다.

따라서 옆에서 볼 때 보이는 쌓기나무는 ☐+☐+☐+☐=☐(개)입니다.

답 ☐개

1-2

쌓기나무로 쌓은 모양을 보고 위에서 본 모양에 수를 쓴 것입니다. 옆에서 볼 때 보이는 쌓기나무는 몇 개인지 풀이 과정을 쓰고 답을 구하시오.

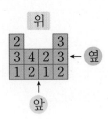

풀이

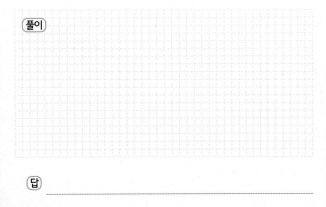

답 _____

2-1

쌓기나무 15개로 주어진 모양과 똑같은 모양으로 쌓고 남는 쌓기나무는 몇 개인지 풀이 과정을 완성하고 답을 구하시오.

위에서 본 모양

풀이 1층에 ☐개, 2층에 ☐개, 3층에 ☐개이므로 필요한 쌓기나무는

☐+☐+☐=☐(개)입니다. 따라서 남는 쌓기나무는 15−☐=☐(개)입니다.

답 ☐개

2-2

쌓기나무 20개로 주어진 모양과 똑같은 모양으로 쌓고 남는 쌓기나무는 몇 개인지 풀이 과정을 쓰고 답을 구하시오.

위에서 본 모양

풀이

답 _____

3-1

쌓기나무로 쌓은 모양을 보고 위에서 본 모양에 수를 쓴 것입니다. 가와 나 모양의 3층에 쌓인 쌓기나무의 개수의 합은 몇 개인지 풀이 과정을 완성하고 답을 구하시오.

위
가 | 2 | 3 |
| 4 | 3 |
| 1 | 1 |

위
나 | 4 | 4 |
| 3 | 2 | 1 |
| 2 | 1 |

풀이 3층에 쌓인 쌓기나무의 개수는 ◻ 이상의 수가 쓰여 있는 칸 수와 같습니다.

3층에 쌓인 쌓기나무의 개수는 가는 ◻ 개, 나는 ◻ 개입니다. 따라서 합은

가+나=◻+◻=◻(개)입니다.

답 ◻ 개

4-1

왼쪽 정육면체 모양에서 쌓기나무 몇 개를 빼냈더니 오른쪽과 같은 모양이 되었습니다. 빼낸 쌓기나무는 몇 개인지 풀이 과정을 완성하고 답을 구하시오.

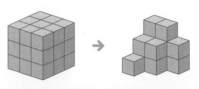

풀이 왼쪽 모양은 1, 2, 3층에 각각 ◻개씩이므로 처음 개수는 ◻+◻+◻=◻(개)입니다. 빼내고 남은 쌓기나무는 ◻개이므로 빼낸 쌓기나무는

◻-◻=◻(개)입니다.

답 ◻ 개

3-2

쌓기나무로 쌓은 모양을 보고 위에서 본 모양에 수를 쓴 것입니다. 가와 나 모양의 2층에 쌓인 쌓기나무의 개수의 합은 몇 개인지 풀이 과정을 쓰고 답을 구하시오.

위
가 | 3 | 4 | 1 |
| 2 | 1 |
| 1 | 2 |

위
나 | 4 | 1 | 2 |
| 1 |
| 3 | 1 | 2 |

풀이

답 _____

4-2

왼쪽 정육면체 모양에서 쌓기나무를 몇 개 빼냈더니 오른쪽과 같은 모양이 되었습니다. 빼낸 쌓기나무는 몇 개인지 풀이 과정을 쓰고 답을 구하시오.

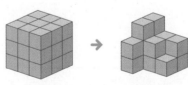

풀이

답 _____

3 공간과 입체

01 육각기둥의 사진을 찍으려고 합니다. 육각형 모양이 나오려면 어느 방향에서 찍어야 하는지 번호를 쓰시오.

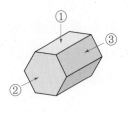

( )

02 쌓기나무 9개로 쌓은 모양입니다. 위에서 본 모양을 찾아 기호를 쓰시오.

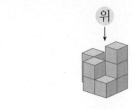

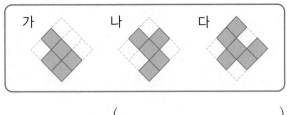

( )

03 쌓기나무를 보기 와 같은 모양으로 쌓았습니다. 돌렸을 때 보기 와 같은 모양을 만들 수 있는 경우에 ○표 하시오.

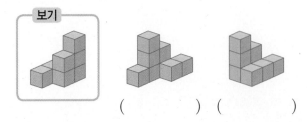

( ) ( )

04 주어진 모양과 똑같이 쌓는 데 필요한 쌓기나무는 몇 개입니까?

위에서 본 모양

( )

05 오른쪽은 쌓기나무 8개로 쌓은 모양입니다. 위, 앞, 옆에서 본 모양을 각각 찾아 ( ) 안에 위, 앞, 옆을 알맞게 써넣으시오.

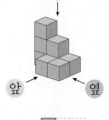

( ) ( ) ( )

06 쌓기나무로 쌓은 모양과 위에서 본 모양입니다. 앞에서 본 모양을 그리시오.

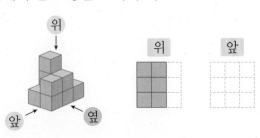

위   앞

07 쌓기나무로 쌓은 모양과 위에서 본 모양입니다. 옆에서 본 모양을 그리시오.

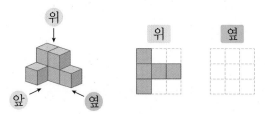

08 쌓기나무로 쌓은 모양을 위, 앞, 옆에서 본 모양입니다. 똑같은 모양으로 쌓는 데 필요한 쌓기나무는 몇 개입니까?

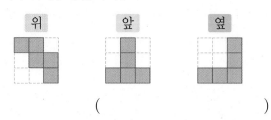

( )

09 쌓기나무로 쌓은 모양을 보고 위에서 본 모양에 수를 써넣으시오.

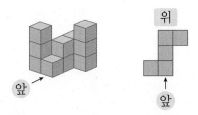

10 쌓기나무로 쌓은 모양을 층별로 나타낸 모양입니다. 똑같은 모양으로 쌓는 데 필요한 쌓기나무의 개수는 몇 개입니까?

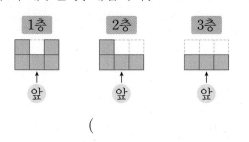

( )

11 쌓기나무로 쌓은 모양을 보고 1층과 2층의 모양을 각각 그리시오.

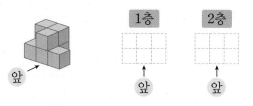

12 쌓기나무로 1층 위에 2층을 쌓으려고 합니다. 1층 모양을 보고 2층 모양으로 알맞은 것을 찾아 기호를 쓰시오.

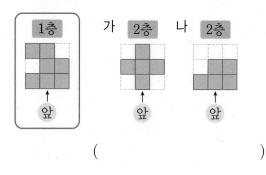

( )

13 보기 의 모양에 쌓기나무 1개를 더 붙여서 만든 모양입니다. 더 붙인 모양에 ◯표 하시오.

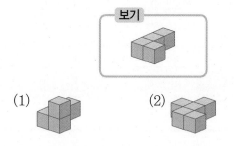

14 모양에 쌓기나무 1개를 더 붙여서 만든 모양에 ◯표 하시오.

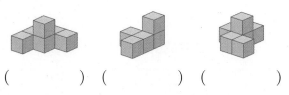

( ) ( ) ( )

3

공간과 입체

15 보기 의 두 쌓기나무 모양을 사용하여 만들 수 있는 모양을 찾아 기호를 쓰시오.

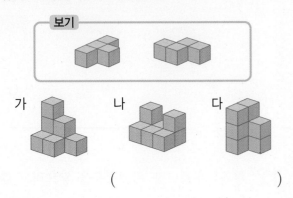

보기

가　　　　나　　　　다

(　　　　　　　　　)

16 위에서 본 모양에 수를 쓴 것을 보고 2층에 쌓인 쌓기나무의 개수를 구하시오.

(　　　　　　　　　)

17 쌓기나무를 각각 4개씩 붙여서 만든 두 가지 모양을 사용하여 새로운 모양을 만들었습니다. 사용한 두 가지 모양을 찾아 기호를 쓰시오.

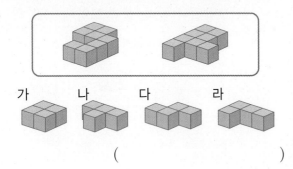

가　　나　　다　　라

(　　　　　　　　　)

18 위에서 본 모양에 수를 쓴 것을 보고 가와 나 모양의 3층에 쌓인 쌓기나무의 개수의 차는 몇 개인지 구하시오.

가　위　　　　나　위

(　　　　　　　　　)

서술형

19 쌓기나무로 쌓은 모양을 보고 위에서 본 모양에 수를 쓴 것입니다. 옆에서 볼 때 보이는 쌓기나무는 몇 개인지 풀이 과정을 쓰고 답을 구하시오.

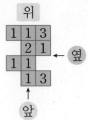

풀이 _____

_____

_____

_____

답 _____

서술형

20 왼쪽 직육면체 모양에서 쌓기나무를 몇 개 빼냈더니 오른쪽과 같은 모양이 되었습니다. 빼낸 쌓기나무는 몇 개인지 풀이 과정을 쓰고 답을 구하시오.

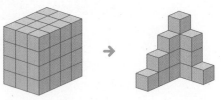

풀이 _____

_____

_____

답 _____

정답 및 풀이 **21쪽**

01 주어진 모양과 똑같이 쌓는 데 필요한 쌓기나무는 몇 개인지 구하시오.

위에서 본 모양

(   )

[02~04] 오른쪽은 쌓기나무 7개로 쌓은 모양입니다. 물음에 답하시오.

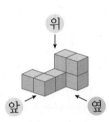

02 위에서 본 모양을 그리시오.

위

03 앞에서 본 모양을 그리시오.

앞

04 옆에서 본 모양을 그리시오.

옆

05 쌓기나무를 오른쪽과 같은 모양으로 쌓았습니다. 돌렸을 때 오른쪽 그림과 같은 모양을 만들 수 <u>없는</u> 경우에 ×표 하시오.

(   ) (   ) (   )

[06~07] 쌓기나무로 쌓은 모양을 보고 위에서 본 모양에 수를 써넣으시오.

06

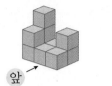

위

앞   앞

07

위

앞   앞

[08~12] 쌓기나무로 쌓은 모양을 위, 앞, 옆에서 본 모양입니다. 물음에 답하시오.

위   앞   옆

08 ㉠에 쌓인 쌓기나무는 몇 개입니까?

(   )

09 ㉡에 쌓인 쌓기나무는 몇 개입니까?

(   )

10 ㉢에 쌓인 쌓기나무는 몇 개입니까?

(   )

11 ㉣에 쌓인 쌓기나무는 몇 개입니까?

(   )

12 똑같은 모양으로 쌓는 데 필요한 쌓기나무는 몇 개입니까?

(   )

3

공간과 입체

13 쌓기나무로 쌓은 모양을 보고 1층과 2층 모양을 각각 그리시오.

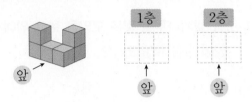

14 쌓기나무로 쌓은 모양과 1층 모양을 보고 2층과 3층 모양을 각각 그리시오.

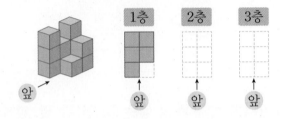

15 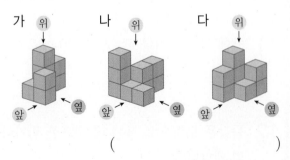 모양에 쌓기나무 1개를 더 붙여서 만들 수 있는 모양은 모두 몇 가지입니까? (단, 돌리거나 뒤집었을 때 같은 모양인 것은 1가지로 생각합니다.)

(   )

16 쌓기나무를 9개씩 쌓은 모양입니다. 옆에서 본 모양이 나머지와 <u>다른</u> 하나를 찾아 기호를 쓰시오.

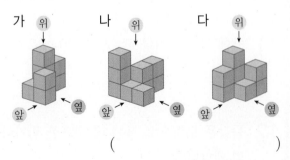

(   )

17 쌓기나무 14개로 쌓은 모양을 층별로 나타낸 것입니다. 잘못 색칠된 자리를 찾아 ×표 하시오.

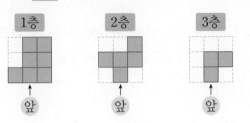

18 오른쪽은 쌓기나무로 쌓은 모양을 보고 위에서 본 모양에 수를 쓴 것입니다. 앞과 옆에서 볼 때 각각 보이는 쌓기나무의 개수의 합을 구하시오.

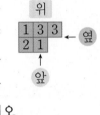

(   )

19 쌓기나무로 쌓은 모양을 보고 위에서 본 모양에 수를 쓴 것입니다. 옆에서 볼 때 보이지 않는 쌓기나무는 몇 개입니까?

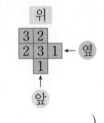

(   )

20 쌓기나무로 쌓은 모양을 층별로 나타낸 모양입니다. 앞에서 볼 때 보이는 쌓기나무는 몇 개입니까?

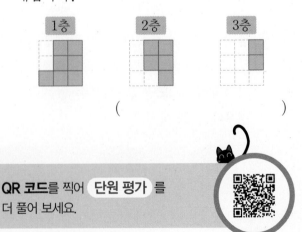

(   )

QR 코드를 찍어 단원 평가 를 더 풀어 보세요.

비례식과 비례배분

4. 비례식과 비례배분
핵심 개념
1 단계

개념에 대한 **자세한 동영상 강의**를 시청하세요.

개념 동영상

개념 ❶ 비의 성질

- 비의 전항과 후항에 0이 아닌 같은 수를 곱하여도 비율은 같습니다.

$$2:3 \rightarrow 4:6 \rightarrow 6:9 \rightarrow \cdots$$
(×2, ×3 / ×2, ×3)

- 비의 전항과 후항을 0이 아닌 같은 수로 나누어도 비율은 같습니다.

$$36:48 \rightarrow 18:24 \rightarrow 12:16 \rightarrow \cdots$$
(÷2, ÷3 / ÷2, ÷3)

핵심 같은 수를 곱하거나 같은 수로 나누기

비 2 : 3에서 기호 ':' 앞에 있는 2를 ❶ □□,
뒤에 있는 3을 ❷ □□(이)라고 합니다.

[전에 배운 내용]

- 두 수를 나눗셈으로 비교하기 위해 기호 :을 사용하여 나타낸 것을 비라고 합니다.

- 비 3 : 5 읽기 → 3 대 5, 3과 5의 비,
  3의 5에 대한 비,
  5에 대한 3의 비

- 비 3 : 5에서 5는 기준량, 3은 비교하는 양입니다.

- 기준량에 대한 비교하는 양의 크기를 비율이라고 합니다.

$$(비율)=(비교하는 양)÷(기준량)=\frac{(비교하는 양)}{(기준량)}$$

- 비를 비율로 나타내기
  ① 분수로 나타내기
  $$3:5 \rightarrow 3÷5=\frac{3}{5}$$
  ② 소수로 나타내기
  $$3:5 \rightarrow 3÷5=0.6$$

개념 ❷ 비례식, 비례배분

- 비례식에서 □의 값 구하기
  ① 비례식의 성질 이용

  $$5:7=10:□$$
  (5×□ / 7×10)
  $$\rightarrow 5×□=7×10,$$
  $$5×□=70,$$
  $$□=14$$

  ② 비의 성질 이용

  $$5:7=10:□$$
  (×2 / ×2)
  $$\rightarrow 7×2=□,$$
  $$□=14$$

- 전체를 가 : 나 = ■ : ▲로 비례배분하기

  가: (전체)×$\frac{■}{■+▲}$, 나: (전체)×$\frac{▲}{■+▲}$

핵심 비례식에서 (외항의 곱)=(내항의 곱)

비례식 2 : 3 = 4 : 6에서 바깥쪽에 있는 2와 6을
❸ □□, 안쪽에 있는 3과 4를 ❹ □□(이)라고 합니다.

[전에 배운 내용]

- 기준량을 100으로 할 때의 비율을 백분율이라고 합니다. 비율 $\frac{60}{100}$을 60 %라 쓰고 60 퍼센트라고 읽습니다.

- 비율을 백분율로 나타내기
  ① 분수를 백분율로 나타내기
  $$\frac{49}{100}×100=49 \rightarrow 49 \%$$
  ② 소수를 백분율로 나타내기
  $$0.57×100=57 \rightarrow 57 \%$$

[앞으로 배울 내용]

- 정비례와 반비례
- 일차방정식
- 일차함수

정답 ❶ 전항 ❷ 후항 ❸ 외항 ❹ 내항

QR 코드를 찍어 보세요.
새로운 문제를 계속 풀 수 있어요.

체크

1-1 ☐ 안에 알맞은 수를 써넣으시오.

(1) 6 : 5 → 전항 ☐, 후항 ☐

(2) 7 : 4 → 전항 ☐, 후항 ☐

(3) 2 : 9 → 전항 ☐, 후항 ☐

(4) 8 : 3 → 전항 ☐, 후항 ☐

1-2 비의 성질을 이용하여 비율이 같은 비를 만들려고 합니다. ☐ 안에 알맞은 수를 써넣으시오.

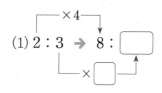

(1) 2 : 3 → 8 : ☐

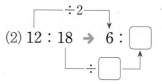

(2) 12 : 18 → 6 : ☐

체크

2-1 ☐ 안에 알맞은 수를 써넣으시오.

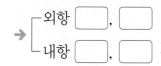

(1) 5 : 7 = 15 : 21

→ 외항 ☐, ☐
　 내항 ☐, ☐

(2) 4 : 9 = 20 : 45

→ 외항 ☐, ☐
　 내항 ☐, ☐

2-2 사탕 25개를 현아와 승호가 2 : 3으로 나누어 가지려고 합니다. 물음에 답하시오.

(1) 현아와 승호가 가지는 사탕은 각각 전체의 몇 분의 몇인지 구하시오.

현아: $\dfrac{\boxed{}}{2+3} = \dfrac{\boxed{}}{5}$,

승호: $\dfrac{\boxed{}}{2+3} = \dfrac{\boxed{}}{5}$

(2) 현아와 승호가 가지는 사탕은 각각 몇 개인지 구하시오.

현아: $25 \times \dfrac{\boxed{}}{5} = \boxed{}$(개),

승호: $25 \times \dfrac{\boxed{}}{5} = \boxed{}$(개)

1단계 기본 문제

[01~02] ☐ 안에 알맞은 말을 써넣으시오.

01
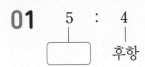

5 : 4

☐ 후항

02

3 : 8

전항 ☐

[03~04] 비에서 전항과 후항을 각각 찾아 쓰시오.

03
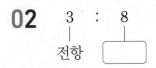

0.2 : 0.9

전항 ( )
후항 ( )

04

$\dfrac{3}{4} : \dfrac{5}{7}$

전항 ( )
후항 ( )

[05~12] 비의 성질을 이용하여 비율이 같은 비를 만들려고 합니다. ☐ 안에 알맞은 수를 써넣으시오.

05 4 : 3 → 8 : ☐ → 12 : ☐

06 2 : 7 → ☐ : 21 → ☐ : 28

07 8 : 5 → 32 : ☐ → 40 : ☐

08 7 : 6 → ☐ : 30 → ☐ : 36

09 18 : 24 → 9 : ☐ → 6 : ☐

10 20 : 16 → ☐ : 8 → ☐ : 4

11 30 : 45 → 10 : ☐ → 6 : ☐

12 63 : 84 → ☐ : 28 → ☐ : 12

[13~18] 간단한 자연수의 비로 나타내려고 합니다. ☐ 안에 알맞은 수를 써넣으시오.

13 $21 : 49 \rightarrow (21 \div 7) : (49 \div \boxed{})$

$\rightarrow \boxed{} : \boxed{}$

14 $36 : 63 \rightarrow (36 \div 9) : (63 \div \boxed{})$

$\rightarrow \boxed{} : \boxed{}$

15 $0.6 : 0.7 \rightarrow (0.6 \times 10) : (0.7 \times \boxed{})$

$\rightarrow \boxed{} : \boxed{}$

16 $0.12 : 0.59 \rightarrow (0.12 \times 100) : (0.59 \times \boxed{})$

$\rightarrow \boxed{} : \boxed{}$

17 $\dfrac{1}{3} : \dfrac{1}{8} \rightarrow \left(\dfrac{1}{3} \times 24\right) : \left(\dfrac{1}{8} \times \boxed{}\right)$

$\rightarrow \boxed{} : \boxed{}$

18 $\dfrac{5}{6} : \dfrac{2}{3} \rightarrow \left(\dfrac{5}{6} \times 6\right) : \left(\dfrac{2}{3} \times \boxed{}\right)$

$\rightarrow \boxed{} : \boxed{}$

[19~20] ☐ 안에 알맞은 수를 써넣으시오.

19 $1 : 3$의 비율 $\rightarrow \dfrac{1}{\boxed{}}$

$3 : 9$의 비율 $\rightarrow \dfrac{3}{\boxed{}} = \dfrac{1}{\boxed{}}$

따라서 $1 : 3 = \boxed{} : \boxed{}$입니다.

20 $4 : 10$의 비율 $\rightarrow \dfrac{4}{\boxed{}} = \dfrac{2}{\boxed{}}$

$2 : 5$의 비율 $\rightarrow \dfrac{2}{\boxed{}}$

따라서 $\boxed{} : \boxed{} = 2 : 5$입니다.

[21~22] ☐ 안에 알맞은 수를 써넣으시오.

21

$$3 : 7 = 6 : 14$$

(외항의 곱) $= 3 \times \boxed{} = \boxed{}$

(내항의 곱) $= 7 \times \boxed{} = \boxed{}$

22

$$5 : 2 = 15 : 6$$

(외항의 곱) $= 5 \times \boxed{} = \boxed{}$

(내항의 곱) $= 2 \times \boxed{} = \boxed{}$

4 비례식과 비례배분

→ 핵심 내용 ▶ ■ : ▲에서 전항은 ■, 후항은 ▲

유형 **01** 비의 성질 알아보기

01 다음에서 설명하는 비를 쓰시오.

(1) | 전항이 3, 후항이 4인 비 | → ☐ : ☐

(2) | 전항이 9, 후항이 7인 비 | → ☐ : ☐

교과서 유형
02 비율이 같은 비를 만들 때 비의 전항과 후항에 곱할 수 없는 수는 어느 것입니까? (   )

① 3   ② 8   ③ 25

④ 0   ⑤ 100

03 8 : 9의 전항과 후항에 0이 아닌 같은 수를 곱하여 비율이 같은 비를 2개 쓰시오.

(   )

04 20 : 50의 전항과 후항을 0이 아닌 같은 수로 나누어 비율이 같은 비를 2개 쓰시오.

(   )

05 3 : 5와 비율이 같은 비를 찾아 ○표 하시오.

| 3 : 10 | 6 : 15 | 12 : 20 |

(   )   (   )   (   )

익힘책 유형
06 7 : 4와 비율이 같은 비를 모두 찾아 기호를 쓰시오.

| ㉠ 35 : 20 | ㉡ 28 : 20 |
| ㉢ 30 : 24 | ㉣ 21 : 12 |

(   )

07 비율이 $\frac{3}{8}$인 비를 3개 쓰시오.

(   )

08 후항이 27이고 비율이 $\frac{5}{9}$인 비가 있습니다. 이 비의 전항을 구하시오.

(   )

> **핵심 내용** ▸ (자연수) : (자연수) ➔ 두 수의 공약수로 나누기
> (소수) : (소수) ➔ 10, 100, 1000, ...을 곱하기
> (분수) : (분수) ➔ 두 분모의 공배수를 곱하기

유형 02 **간단한 자연수의 비로 나타내기**

교과서 유형
09 간단한 자연수의 비로 나타내시오.

(1) | 27 : 72 | ➔ (   )

(2) | 1.3 : 2.4 | ➔ (   )

(3) | $\dfrac{2}{5} : \dfrac{3}{7}$ | ➔ (   )

10 왼쪽 비를 간단한 자연수의 비로 나타낸 것을 찾아 선으로 이으시오.

$0.7 : \dfrac{2}{3}$ •   • 16 : 15

$1.6 : 1\dfrac{1}{2}$ •   • 21 : 20

11 주희와 재훈이의 저금액의 비는 3500 : 4500 입니다. 주희와 재훈이의 저금액의 비를 간단한 자연수의 비로 나타내시오.

(   )

12 멜론과 수박의 무게의 비를 간단한 자연수의 비로 나타내시오.

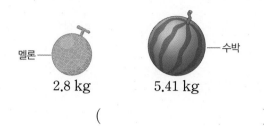

멜론 2.8 kg   수박 5.41 kg

(   )

13 미라와 윤호가 오늘 운동한 시간은 각각 $1\dfrac{1}{2}$시간, $1\dfrac{2}{3}$시간입니다. 미라와 윤호가 오늘 운동한 시간의 비를 간단한 자연수의 비로 나타내시오.

(   )

익힘책 유형
14 $1\dfrac{4}{5}$: 3.6을 간단한 자연수의 비로 나타내려고 합니다. 두 가지 방법으로 나타내시오.

방법 1

방법 2

4. 비례식과 비례배분 **65**

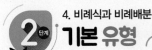

→ 핵심 내용 두 비의 비율이 다르면 비례식이 아님

유형 03 비례식 알아보기

15 외항이 7, 18인 비례식을 찾아 ○표 하시오.

$$7:9=14:18$$ $$9:7=18:14$$

(   )   (   )

16 비례식에서 외항이면서 후항인 수를 찾아 쓰시오.

$$5:8=15:24$$

(   )

17 비례식이면 ○표, 비례식이 아니면 ×표 하시오.

(1) $$2:5=10:20$$ (   )

(2) $$3:4=9:12$$ (   )

18 두 비율을 보고 보기 와 같이 비례식을 세우려고 합니다. ☐ 안에 알맞은 수를 써넣으시오.

보기

$$\frac{1}{4}=\frac{5}{20} \rightarrow 1:4=5:20$$

$$\frac{3}{7}=\frac{12}{28} \rightarrow \boxed{}:\boxed{}=\boxed{}:\boxed{}$$

19 4 : 5와 비율이 같은 비를 찾아 비례식으로 나타내시오.

$$4:3 \quad\quad 8:5 \quad\quad 12:15$$

$$4:5=\boxed{}:\boxed{}$$

20 외항이 6과 52이고 내항이 13과 24인 비례식을 만들어 보시오.

(   )

21 비율이 같은 두 비를 찾아 비례식으로 나타내시오.

$$2:3 \quad 3:5 \quad 6:8 \quad 9:15$$

(   )

22 비율이 $\frac{4}{7}$인 두 비를 구하여 비례식으로 나타내시오.

(   )

→ 핵심 내용 비례식에서 (외항의 곱)=(내항의 곱)

유형 **04** 비례식의 성질 알아보기

23 비례식의 성질을 이용하여 ☐ 안에 알맞은 수를 써넣으시오.

(1) $6:10=27:$ ☐

(2) $9:$ ☐ $=12:40$

24 비례식에서 외항의 곱이 240일 때 ▲는 얼마인지 구하시오.

■ : 16 = ▲ : ●

(　　　　　　　　　　)

25 비례식이 옳은 것을 찾아 기호를 쓰시오.

㉠ $0.4:1.2=8:20$

㉡ $\frac{5}{7}:\frac{3}{8}=40:21$

(　　　　　　　　　　)

26 ☐ 안에 알맞은 수가 큰 비례식부터 차례로 기호를 쓰시오.

㉠ $3:7=$ ☐ $:21$

㉡ $\frac{4}{5}:\frac{8}{9}=9:$ ☐

㉢ $6.4:4=$ ☐ $:5$

(　　　　　　　　　　)

→ 핵심 내용 비의 순서에 맞게 비례식을 세우기

유형 **05** 비례식의 활용(1)—비가 주어졌을 때

27 과일 가게에 있는 사과와 배의 수의 비는 $5:4$ 입니다. 사과가 100개 있다면 배는 몇 개 있습니까?

(　　　　　　　　　　)

28 스케치북에 태극기의 가로와 세로의 비를 $3:2$ 로 그리려고 합니다. 세로를 60 cm로 그린다면 가로는 몇 cm로 그려야 합니까?

(　　　　　　　　　　)

29 밀가루의 우유에 대한 비를 $8:5$로 하여 반죽을 만들려고 합니다. 밀가루를 400 g 넣었다면 우유는 몇 mL 넣어야 합니까?

(　　　　　　　　　　)

30 연필에 대한 지우개의 비를 $6:7$로 하여 상자에 담으려고 합니다. 연필을 280자루 담았다면 지우개는 몇 개 담아야 합니까?

(　　　　　　　　　　)

4 비례식과 비례배분

2단계 기본유형

핵심 내용 → 조건에 맞게 비례식을 세우기

유형 06 비례식의 활용 (2) − 비가 주어지지 않았을 때

31 일정한 빠르기로 4시간 동안 240 km를 가는 자동차가 있습니다. 이 자동차가 같은 빠르기로 7시간 동안 갈 수 있는 거리를 구하려고 합니다. 7시간 동안 갈 수 있는 거리를 ☐ km라 할 때 알맞은 비례식을 모두 찾아 기호를 쓰시오.

㉠ 4 : 240＝7 : ☐
㉡ 4 : 240＝☐ : 7
㉢ 4 : 7＝240 : ☐
㉣ 4 : 7＝☐ : 240

( )

32 진수는 편의점에서 3일 동안 일하고 12만 원을 받았습니다. 진수가 편의점에서 5일 동안 일하면 얼마를 받을 수 있습니까?

( )

33 9분 동안 45 L의 물이 일정하게 나오는 수도가 있습니다. 이 수도로 75 L의 물을 받는 데 걸리는 시간은 몇 분입니까?

( )

유형 07 비례배분 알아보기

34 200을 가 : 나＝7 : 13으로 비례배분하시오.

가 ( )
나 ( )

35 형과 정웅이의 몸무게의 합은 112 kg입니다. 형과 정웅이의 몸무게의 비가 9 : 7일 때 형의 몸무게는 몇 kg입니까?

( )

36 초콜릿 52개를 미라와 윤호가 5 : 8로 나누어 가지려고 합니다. 미라와 윤호는 각각 초콜릿을 몇 개씩 가지면 됩니까?

미라 ( )
윤호 ( )

37 승현이네 가족은 3명, 범수네 가족은 5명입니다. 고구마 80 kg을 가족 수의 비로 나누어 가지면 더 많이 가지는 가족은 누구네 가족이고 몇 kg을 더 가지게 됩니까?

( ), ( )

4

비례식과 비례배분

잘 틀리는 **유형 08** 곱셈식을 비례식으로 나타내기

38 보기와 같이 비례식의 성질을 이용하여 곱셈식을 비례식으로 나타내시오.

> **보기**
> ■×2=▲×3 ➜ ■ : ▲=3 : 2

(1) ㉮×5=㉯×8 ➜ ㉮ : ㉯=□ : □

(2) ㉮×7=㉯×4 ➜ ㉮ : ㉯=□ : □

39 ㉠ : ㉡을 간단한 자연수의 비로 나타낸 것은 어느 것입니까?·····················(   )

> ㉠×3.5=㉡×1.4

① 3.5 : 1.4   ② 1.4 : 3.5

③ 5 : 2   ④ 2 : 5

⑤ 4 : 5

40 ●와 16의 곱과 ★과 28의 곱이 같습니다. ●와 ★의 비를 간단한 자연수의 비로 나타내시오.

(   )

KEY ●와 ★의 비는 ● : ★로 나타내야 해요.
순서를 바꿔서 ★ : ●로 나타내면 안 돼요.

잘 틀리는 **유형 09** 부분의 비율로 전체의 양 구하기

41 감나무에 달려 있던 감의 30 %가 태풍에 의해 떨어졌습니다. 태풍으로 떨어진 감이 24개일 때 처음에 달려 있던 감은 몇 개입니까?

(   )

42 희주네 학교 학생의 55 %는 여학생입니다. 여학생이 110명일 때 희주네 학교 전체 학생은 몇 명입니까?

(   )

43 도로를 건설하는 데 전체 도로의 40 %를 건설했더니 남은 도로의 길이가 54 km였습니다. 전체 도로의 길이는 몇 km입니까?

(   )

KEY 남은 도로는 전체 도로의 40 %가 아님에 주의해요.

1-1

어떤 비의 전항은 7이고 후항은 전항보다 9 더 큽니다. 어떤 비를 구하는 풀이 과정을 완성하고 답을 구하시오.

풀이 (후항)=7+□=□

따라서 전항이 □, 후항이 □인 비이므로

□ : □ 입니다.

답 □ : □

1-2

어떤 비의 후항은 21이고 전항은 후항보다 8 더 작습니다. 어떤 비를 구하는 풀이 과정을 쓰고 답을 구하시오.

풀이

답 _____

2-1

비례식의 외항의 곱이 168일 때 ㉠+㉡의 값은 얼마인지 풀이 과정을 완성하고 답을 구하시오.

$$㉠ : 8 = ㉡ : 12$$

풀이 외항의 곱이 168이므로 ㉠×12=□,

㉠=□ 입니다.

내항의 곱도 □(이)므로

8×㉡=□, ㉡=□ 입니다.

따라서 ㉠+㉡=□+□=□ 입니다.

답 □

2-2

비례식의 내항의 곱이 180일 때 ㉠+㉡의 값은 얼마인지 풀이 과정을 쓰고 답을 구하시오.

$$15 : ㉠ = 20 : ㉡$$

풀이

답 _____

정답 및 풀이 27쪽

3-1

밑변의 길이와 높이의 비가 5 : 4이고 밑변의 길이가 10 cm인 평행사변형이 있습니다. 평행사변형의 높이는 몇 cm인지 풀이 과정을 완성하고 답을 구하시오.

풀이 높이를 ■ cm라 하고 비례식을 세우면
5 : 4 = 10 : ■입니다.

→ 5 × ■ = 4 × ☐, 5 × ■ = ☐,

■ = ☐

답 ☐ cm

4-1

가로와 세로의 비가 9 : 11이고 둘레가 80 cm인 직사각형이 있습니다. 직사각형의 가로는 몇 cm인지 풀이 과정을 완성하고 답을 구하시오.

풀이 (가로) + (세로)

= (둘레) ÷ ☐ = 80 ÷ ☐ = ☐ (cm)

→ 가로: ☐ × $\frac{☐}{9+11}$

= ☐ × $\frac{☐}{☐}$ = ☐ (cm)

답 ☐ cm

3-2

밑변의 길이와 높이의 비가 9 : 7이고 높이가 21 cm인 삼각형이 있습니다. 삼각형의 밑변의 길이는 몇 cm인지 풀이 과정을 쓰고 답을 구하시오.

풀이

답 _____

4-2

가로와 세로의 비가 7 : 5이고 둘레가 72 cm인 직사각형이 있습니다. 직사각형의 세로는 몇 cm인지 풀이 과정을 쓰고 답을 구하시오.

풀이

답 _____

01 18 : 30의 전항과 후항을 0이 아닌 같은 수로 나누어 비율이 같은 비를 2개 쓰시오.

(   )

02 비율이 $\dfrac{7}{11}$인 비를 3개 쓰시오.

(   )

03 후항이 65이고 비율이 $\dfrac{6}{13}$인 비가 있습니다. 이 비의 전항을 구하시오.

(   )

04 간단한 자연수의 비로 나타내시오.

(1) 30 : 54   → (   )

(2) 2.3 : 4.9   → (   )

(3) $\dfrac{3}{5} : \dfrac{5}{8}$ → (   )

05 안나와 원재가 오늘 운동한 시간은 각각 $1\dfrac{1}{3}$시간, $2\dfrac{1}{5}$시간입니다. 안나와 원재가 오늘 운동한 시간의 비를 간단한 자연수의 비로 나타내시오.

(   )

06 $4\dfrac{2}{5} : 5.2$를 간단한 자연수의 비로 나타내려고 합니다. 두 가지 방법으로 나타내시오.

방법 1

방법 2

07 두 비율을 보고 보기 와 같이 비례식을 세우려고 합니다. ☐ 안에 알맞은 수를 써넣으시오.

보기

$\dfrac{2}{3} = \dfrac{10}{15}$ → $2 : 3 = 10 : 15$

$\dfrac{4}{9} = \dfrac{16}{36}$ → ☐ : ☐ = ☐ : ☐

08 외항이 7과 36이고 내항이 12와 21인 비례식을 만들어 보시오.

(   )

09 비율이 같은 두 비를 찾아 비례식으로 나타내시오.

3 : 4   8 : 6   4 : 3   9 : 8

(   )

10 ☐ 안에 알맞은 수가 큰 비례식부터 차례로 기호를 쓰시오.

㉠ $2 : 5 = \square : 25$

㉡ $\dfrac{3}{4} : \dfrac{4}{7} = 21 : \square$

㉢ $3.5 : 6 = \square : 24$

(   )

11 수정이와 현민이가 가지고 있는 구슬 수의 비는 5 : 7입니다. 수정이가 구슬을 60개 가지고 있다면 현민이가 가지고 있는 구슬은 몇 개입니까?

(   )

12 바닷물 6 L를 증발시켜 180 g의 소금을 얻었습니다. 300 g의 소금을 얻으려면 이 바닷물 몇 L를 증발시켜야 합니까?

(   )

13 500을 가 : 나=11 : 14로 비례배분하시오.

가 (   )
나 (   )

14 사탕 78개를 준서와 수민이가 4 : 9로 나누어 가지려고 합니다. 준서와 수민이는 각각 사탕을 몇 개씩 가지면 됩니까?

준서 (   )
수민 (   )

15 ㉠ : ㉡을 간단한 자연수의 비로 나타낸 것은 어느 것입니까?·······················(   )

$$㉠ \times \frac{4}{5} = ㉡ \times \frac{6}{7}$$

① $\frac{4}{5} : \frac{6}{7}$ ② $\frac{6}{7} : \frac{4}{5}$

③ $15 : 14$ ④ $14 : 15$

⑤ $15 : 28$

16 현수네 학교 학생의 48 %는 남학생입니다. 남학생이 144명일 때 현수네 학교 전체 학생은 몇 명입니까?

(   )

함정유형 17 ●와 30의 곱과 ★과 54의 곱이 같습니다. ●와 ★의 비를 간단한 자연수의 비로 나타내시오.

(   )

함정유형 18 어느 과수원에서 사과를 수확하여 전체의 84 %를 팔았더니 남은 양이 40 kg이었습니다. 전체 수확량은 몇 kg입니까?

(   )

서술형 19 비례식의 외항의 곱이 240일 때 ㉠＋㉡의 값은 얼마인지 풀이 과정을 쓰고 답을 구하시오.

$$㉠ : 10 = ㉡ : 15$$

풀이 _____

_____

_____

_____

답 _____

서술형 20 가로와 세로의 비가 8 : 13이고 둘레가 84 cm인 직사각형이 있습니다. 직사각형의 가로는 몇 cm인지 풀이 과정을 쓰고 답을 구하시오.

풀이 _____

_____

_____

_____

답 _____

01 전항이 15, 후항이 23인 비를 쓰시오.

( )

02 비례식에서 외항과 내항을 각각 찾아 쓰시오.

$$5 : 8 = 10 : 16$$

외항 ( )

내항 ( )

03 다음 중 후항이 가장 작은 비는 어느 것입니까?·····················( )

① 6 : 5　　② 2 : 7　　③ 8 : 3

④ 1 : 9　　⑤ 3 : 5

04 다음 중 비율이 같은 비를 만드는 과정이 옳은 것을 모두 고르시오. ·········( )

① $5 : 6 → (5 × 5) : (6 × 5)$

② $12 : 8 → (12 ÷ 2) : (8 ÷ 4)$

③ $20 : 15 → (20 × 0) : (15 × 0)$

④ $36 : 45 → (36 ÷ 3) : (45 ÷ 3)$

⑤ $16 : 28 → (16 × 4) : (28 ÷ 4)$

05 4 : 7의 전항과 후항에 0이 아닌 같은 수를 곱하여 비율이 같은 비를 2개 쓰시오.

( )

06 24 : 42의 전항과 후항을 0이 아닌 같은 수로 나누어 비율이 같은 비를 2개 쓰시오.

( )

07 150을 가 : 나=2 : 3으로 비례배분하시오.

가 ( )

나 ( )

08 비율이 같은 두 비를 찾아 비례식으로 나타내시오.

$$4 : 6 \quad 3 : 6 \quad 5 : 15 \quad 10 : 15$$

( )

[09~11] 간단한 자연수의 비로 나타내시오.

09 21 : 33 → ( )

10 3.4 : 4.9 → ( )

11 $\dfrac{5}{12} : \dfrac{7}{18}$ → ( )

12 비례식에서 내항의 곱이 210일 때 ●는 얼마인지 구하시오.

$$6 : ■ = ▲ : ●$$

( )

13 비례식이 옳은 것을 찾아 기호를 쓰시오.

> ㉠ $1.4 : 0.8 = 7 : 5$
>
> ㉡ $\dfrac{3}{4} : \dfrac{1}{2} = 6 : 4$

( )

14 비례식에서 □ 안에 알맞은 수를 구하시오.

> $\dfrac{1}{2} : \dfrac{5}{9} = 9 : □$

( )

15 ㉠ : ㉡을 간단한 자연수의 비로 나타내시오.

> ㉠ $× 2.1 = ㉡ × 4.9$

( )

16 수호와 현지가 가지고 있는 사탕 수의 비는 9 : 4입니다. 현지가 사탕을 28개 가지고 있다면 수호가 가지고 있는 사탕은 몇 개입니까?

( )

17 주희네 학교 학생의 36 %는 농구를 좋아합니다. 농구를 좋아하는 학생이 126명일 때 주희네 학교 전체 학생은 몇 명입니까?

( )

18 연필 1타는 12자루입니다. 연필 5타를 영수와 민주가 5 : 7로 나누어 가졌습니다. 영수와 민주는 연필을 각각 몇 자루씩 가졌습니까?

영수 ( )

민주 ( )

19 맞물려 돌아가는 두 톱니바퀴 ㉮와 ㉯가 있습니다. ㉮의 톱니 수는 16개, ㉯의 톱니 수는 28개일 때 ㉮와 ㉯의 회전수의 비를 간단한 자연수의 비로 나타내시오.

( )

서술형
20 구슬 4개는 1400원입니다. 구슬 12개는 얼마인지 비의 성질과 비례식의 성질을 이용하여 구하는 풀이 과정을 쓰고 답을 구하시오.

방법 1 _____

_____

_____

방법 2 _____

_____

_____

답 _____

QR 코드를 찍어 단원 평가 를 더 풀어 보세요.

5

원의 넓이

5. 원의 넓이

1단계 핵심 개념

 개념 동영상

개념에 대한 **자세한 동영상 강의**를 시청하세요.

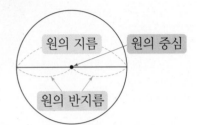

개념 ❶ 원주, 원주율

- 원주: 원의 둘레
- 원주율: 원의 지름에 대한 원주의 비율

$$(원주율)=(원주)÷(지름)$$

- 원주율을 이용하여 원주 구하기

$$(원주)=(지름)×(원주율)$$

- 원주율을 이용하여 지름 구하기

$$(지름)=(원주)÷(원주율)$$

핵심 원의 크기와 상관없이 원주율은 일정함

원의 둘레를 ❶[ ][ ](이)라고 합니다.

원의 지름이 길어지면 원주도 ❷[ ][ ]집니다.

[전에 배운 내용]

- 원의 반지름: 원의 중심과 원 위의 한 점을 이은 선분
- 원의 지름: 원 위의 두 점을 이은 선분 중 원의 중심을 지나는 선분
- 한 원에서 반지름의 길이는 모두 같습니다.
- 한 원에서 지름의 길이는 모두 같습니다.
- (원의 지름)=(원의 반지름)×2,
  (원의 반지름)=(원의 지름)÷2
- 원의 지름 또는 반지름이 길수록 큰 원입니다.

개념 ❷ 원의 넓이

- 원의 넓이 구하는 방법

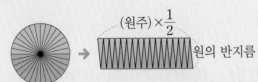

$$(원의 넓이)=\underline{(원주)×\frac{1}{2}}×(반지름)$$

$$=\underline{(원주율)×(지름)}×\frac{1}{2}×(반지름)$$

$$=(원주율)×\underline{(반지름)}×(반지름)$$

$$(원의 넓이)=(반지름)×(반지름)×(원주율)$$

핵심 직사각형의 넓이를 구하는 방법 이용하기

원을 한없이 잘라 이어 붙이면 점점

❸[ ][ ][ ][ ]에 가까워집니다.

[전에 배운 내용]

- (자연수)×(소수)

  방법1 분수의 곱셈으로 계산하기

  $$7×5.1=7×\frac{51}{10}=\frac{7×51}{10}=\frac{357}{10}=35.7$$

  방법2 자연수의 곱셈으로 계산하기

  $$7 × 51 = 357$$

  $\frac{1}{10}$배 $\frac{1}{10}$배

  $$7 × 5.1 = 35.7$$

[앞으로 배울 내용]

- 원기둥: [ ], [ ], [ ] 등과 같은 입체도형
- 원기둥의 밑면은 원이고 2개입니다.
- 원기둥의 옆면은 굽은 면이고 1개입니다.

정답 ❶ 원주 ❷ 길어 ❸ 직사각형

1-1 설명이 맞으면 ◯표, <u>틀리면</u> ✕표 하시오.

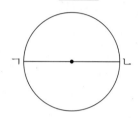

(1) 원의 중심을 지나는 선분 ㄱㄴ은 원의 지름입니다.

(   )

(2) 원주가 길어지면 원의 지름도 길어집니다.

(   )

(3) 원주와 원의 지름은 길이가 같습니다.

(   )

1-2 ☐ 안에 알맞은 수를 써넣으시오.

(1)
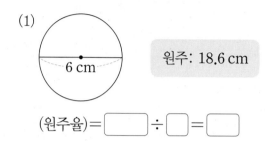

원주: 18.6 cm

(원주율)= ☐ ÷ ☐ = ☐

(2)
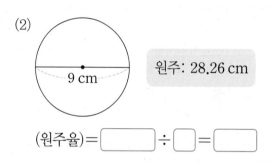

원주: 28.26 cm

(원주율)= ☐ ÷ ☐ = ☐

2-1 ☐ 안에 알맞은 말을 써넣으시오.

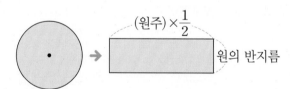

(원의 넓이)

$= ($ ☐ $) \times \dfrac{1}{2} \times$ 반지름

$= ($원주율$) \times ($ ☐ $) \times \dfrac{1}{2} \times$ 반지름

$= ($ ☐ $) \times ($ ☐ $) \times ($원주율$)$

2-2 ☐ 안에 알맞은 수를 써넣으시오. (원주율: 3)

(1)
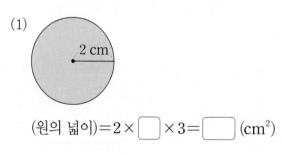

(원의 넓이)$= 2 \times$ ☐ $\times 3 =$ ☐ (cm^2)

(2)
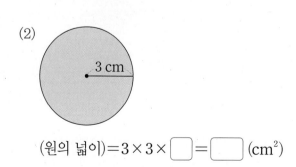

(원의 넓이)$= 3 \times 3 \times$ ☐ $=$ ☐ (cm^2)

1 단계 **기본 문제**

01 ☐ 안에 알맞은 말을 써넣으시오.

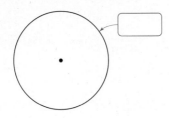

02 ☐ 안에 알맞은 말을 찾아 선으로 이으시오.

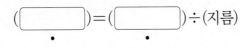

(☐)＝(☐)÷(지름)

· ·

· ·

원주   원주율

03 원을 한없이 잘라 이어 붙여 점점 직사각형에 가까워지는 도형으로 바꿔 보았습니다. ☐ 안에 알맞은 말을 써넣으시오.

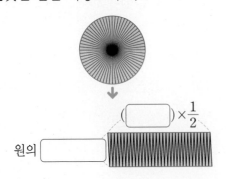

(☐)×$\frac{1}{2}$

원의 ☐

[04~07] 원주를 구하시오.

04

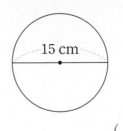

15 cm

원주율: 3.1

(   )

05

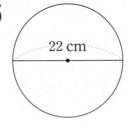

22 cm

원주율: 3.14

(   )

06

8 cm

원주율: 3.1

(   )

07

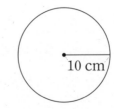

10 cm

원주율: 3.14

(   )

[08~11] ☐ 안에 알맞은 수를 써넣으시오.

08

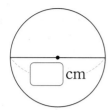

원주: 40.3 cm
원주율: 3.1

09

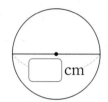

원주: 31.4 cm
원주율: 3.14

10

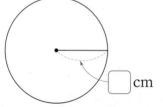

원주: 55.8 cm
원주율: 3.1

11

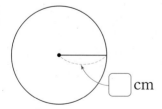

원주: 43.96 cm
원주율: 3.14

[12~15] 원의 넓이를 구하시오.

12

원주율: 3.1

(   )

13

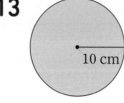

원주율: 3.14

(   )

14

원주율: 3

(   )

15

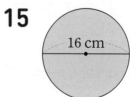

원주율: 3.1

(   )

5

원의 넓이

2 단계 5. 원의 넓이
기본 유형

핵심 내용 원의 지름이 길어지면 원주도 길어짐

유형 01 원주와 지름의 관계

[01~03] 한 변의 길이가 1 cm인 정육각형, 지름이 2 cm인 원, 한 변의 길이가 2 cm인 정사각형을 보고 물음에 답하시오.

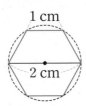 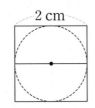

01 정육각형의 둘레와 정사각형의 둘레를 수직선에 각각 나타내시오.

(1) 정육각형의 둘레

원의 지름

(2) 정사각형의 둘레

원의 지름
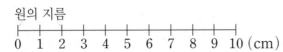

02 원주가 얼마쯤 될지 수직선에 나타내시오.

원의 지름
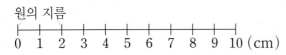

유형
03 ☐ 안에 알맞은 수를 써넣으시오.

정육각형의 둘레는 원의 지름의 ☐배이고
정사각형의 둘레는 원의 지름의 ☐배입니다.
→ 원주는 원의 지름의 ☐배보다 길고 원의
지름의 ☐배보다 짧습니다.

04 원주가 가장 긴 원을 찾아 기호를 쓰시오.

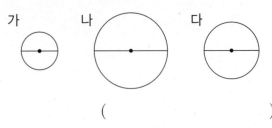

(   )

05 설명이 올바른 것을 찾아 기호를 쓰시오.

㉠ 원주는 원의 지름의 2배입니다.
㉡ 원의 지름이 짧아지면 원주도 짧아집니다.
㉢ 원의 지름이 길어져도 원주는 변하지 않습니다.

(   )

06 지름이 2 cm인 원의 원주와 가장 비슷한 길이를 찾아 기호를 쓰시오.

㉠ ├─1 cm─┤├───┤

㉡ ├──┼──┼──┼──┤

㉢ ├──┼──┼──┼──┼──┼──┤

(   )

→ 핵심 내용 (원주율)＝(원주)÷(지름)

→ 핵심 내용 (원주)＝(지름)×(원주율)

유형 **02** 원주율

유형 **03** 지름을 알 때 원주 구하기

교과서유형
07 설명이 잘못된 것을 찾아 기호를 쓰시오.

> ㉠ (원주율)＝(원주)÷(지름)
>
> ㉡ 원이 작아지면 원주율도 작아집니다.
>
> ㉢ 원주율은 원의 지름에 대한 원주의 비율입니다.
>
> ㉣ 원주율은 끝없이 계속되기 때문에 3, 3.1, 3.14 등으로 어림하여 사용하기도 합니다.

(　　　　　　　　　)

10 원주는 몇 cm입니까? (원주율: 3.14)

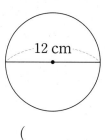

(　　　　　　　　　)

08 원 모양 접시의 원주와 지름을 재어 보았습니다. 접시의 원주율을 반올림하여 소수 둘째 자리까지 나타내시오.

원주: 53.4 cm
지름: 17 cm

(　　　　　　　　　)

11 컴퍼스를 다음과 같이 벌려서 원을 그렸습니다. 그린 원의 원주는 몇 cm입니까? (원주율: 3.1)

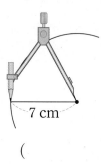

7 cm

(　　　　　　　　　)

익힘책유형
09 두 원의 (원주)÷(지름)을 비교하여 ○ 안에 ＞, ＝, ＜를 알맞게 써넣으시오.

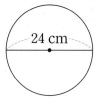

24 cm

○

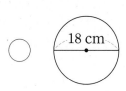

18 cm

원주: 74.4 cm　　　　원주: 55.8 cm

12 큰 원의 원주는 몇 cm입니까? (원주율: 3)

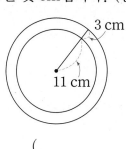

3 cm

11 cm

(　　　　　　　　　)

5

원의 넓이

→ 핵심 내용 (지름)=(원주)÷(원주율)

유형 **04** 원주를 알 때 지름 구하기

교과서유형
13 원주가 50.24 cm인 원입니다. ☐ 안에 알맞은 수를 써넣으시오. (원주율: 3.14)

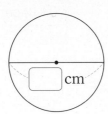

14 원주가 74.4 cm인 원입니다. ☐ 안에 알맞은 수를 써넣으시오. (원주율: 3.1)

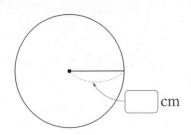

15 길이가 42 cm인 끈을 사용하여 가장 큰 원을 1개 만들었습니다. 만든 원의 반지름은 몇 cm 입니까? (원주율: 3)

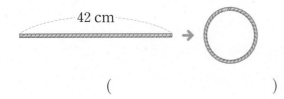

(   )

→ 핵심 내용 정사각형, 모눈, 정육각형으로 어림

유형 **05** 원의 넓이 어림하기

[16~18] 그림을 보고 반지름이 8 cm인 원의 넓이를 어림하려고 합니다. 물음에 답하시오.

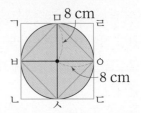

16 정사각형 ㅁㅂㅅㅇ의 넓이는 몇 cm²입니까?

(   )

17 정사각형 ㄱㄴㄷㄹ의 넓이는 몇 cm²입니까?

(   )

18 원의 넓이를 어림해 보시오.

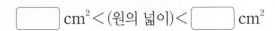

☐ cm² < (원의 넓이) < ☐ cm²

익힘책유형
19 원 안의 노란색 모눈의 수와 원 밖의 빨간색 선 안쪽 모눈의 수를 이용하여 지름이 10 cm인 원의 넓이를 어림해 보시오.

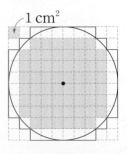

☐ cm² < (원의 넓이) < ☐ cm²

핵심 내용 ▶ 직사각형의 넓이를 구하는 방법을 이용

이학적 유형
20 원 안의 정사각형의 넓이와 원 밖의 정사각형의 넓이를 이용하여 반지름이 10 cm인 원의 넓이를 어림해 보시오.

[ ] cm² < (원의 넓이) < [ ] cm²

유형 **06** **원의 넓이 구하는 방법 알아보기**

24 반지름이 5 cm인 원을 한없이 잘라 이어 붙여 점점 직사각형에 가까워지는 도형으로 바꿔 보았습니다. ㉠과 ㉡에 알맞은 수를 각각 구하시오. (원주율: 3.14)

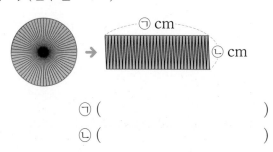

㉠ (   )

㉡ (   )

[21~23] 정육각형의 넓이를 이용하여 원의 넓이를 어림하려고 합니다. 물음에 답하시오.

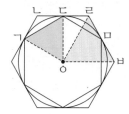

21 삼각형 ㄱㅇㄷ의 넓이가 30 cm²라면 원 안의 정육각형의 넓이는 몇 cm²입니까?

(   )

이학적 유형
25 반지름이 10 cm인 원을 한없이 잘라 이어 붙여 만든 직사각형입니다. ☐ 안에 알맞은 수를 써넣고 원의 넓이를 구하시오. (원주율: 3.1)

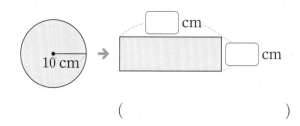

(   )

22 삼각형 ㄹㅇㅂ의 넓이가 40 cm²라면 원 밖의 정육각형의 넓이는 몇 cm²입니까?

(   )

26 지름이 14 cm인 원을 한없이 잘라 이어 붙여 만든 직사각형입니다. 원의 넓이는 몇 cm²입니까? (원주율: 3)

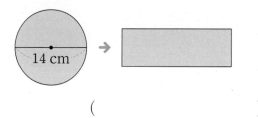

23 원의 넓이를 어림해 보시오.

[ ] cm² < (원의 넓이) < [ ] cm²

(   )

 기본 유형

유형 **07** 원의 넓이 구하기

교과서유형
27 원의 넓이는 몇 cm²입니까? (원주율: 3.14)

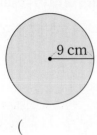

(   )

28 컴퍼스를 다음과 같이 벌려서 원을 그렸습니다. 그린 원의 넓이는 몇 cm²입니까? (원주율: 3.1)

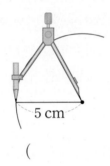

(   )

29 원 모양의 색종이를 완전히 겹치도록 한 번 접었더니 다음과 같았습니다. 접기 전 색종이의 넓이는 몇 cm²입니까? (원주율: 3)

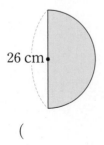

(   )

유형 **08** 다양한 모양의 넓이 구하기

30 색칠한 부분의 넓이는 몇 cm²입니까?

(원주율: 3)

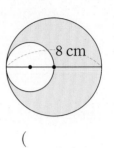

(   )

익힘책유형
31 색칠한 부분의 넓이는 몇 cm²입니까?

(원주율: 3.1)

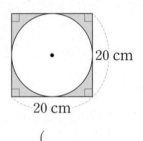

(   )

32 색칠한 부분의 넓이는 몇 cm²입니까?

(원주율: 3.14)

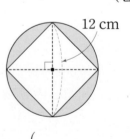

(   )

잘 틀리는 유형 09 굴러간 거리 구하기

33 지름이 20 cm인 원 모양의 접시를 한 바퀴 굴렸습니다. 접시가 굴러간 거리는 몇 cm입니까?

(원주율: 3.14)

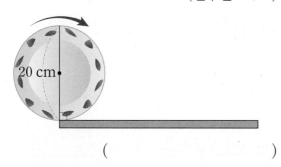

(   )

34 반지름이 14 cm인 원 모양의 고리를 한 바퀴 굴렸습니다. 고리가 굴러간 거리는 몇 cm입니까? (원주율: 3.1)

(   )

35 지름이 70 cm인 원 모양의 굴렁쇠를 한 바퀴 굴렸습니다. 굴렁쇠가 굴러간 거리는 몇 m입니까? (원주율: 3)

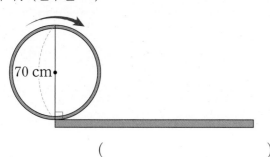

(   )

KEY 100 cm=1 m임을 이용해요.

잘 틀리는 유형 10 그릴 수 있는 가장 큰 원의 넓이

36 정사각형 안에 그릴 수 있는 가장 큰 원의 넓이는 몇 cm²입니까? (원주율: 3.14)

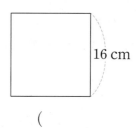

(   )

37 둘레가 32 cm인 정사각형 안에 그릴 수 있는 가장 큰 원의 넓이는 몇 cm²입니까?

(원주율: 3.1)

(   )

38 직사각형 안에 그릴 수 있는 가장 큰 원의 넓이는 몇 cm²입니까? (원주율: 3)

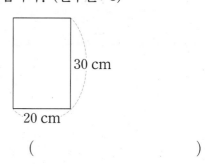

(   )

KEY 직사각형의 가로와 세로 중 길이가 더 짧은 쪽보다 지름이 더 긴 원은 그릴 수 없어요.

1-1

지름이 15 cm인 원 가와 원주가 51 cm인 원 나가 있습니다. 원 가와 나 중 더 큰 원의 기호는 무엇인지 풀이 과정을 완성하고 답을 구하시오.

(원주율: 3)

풀이 (원 나의 지름)=☐÷☐=☐(cm)

따라서 원 가와 나의 지름을 비교하면

☐cm<☐cm이므로 더 큰 원의 기호는 ☐입니다.

답 ☐

2-1

원 가와 나의 원주의 합은 몇 cm인지 풀이 과정을 완성하고 답을 구하시오. (원주율: 3)

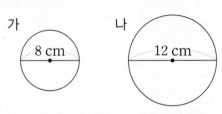

풀이 (원 가의 원주)=8×☐=☐(cm),

(원 나의 원주)=12×☐=☐(cm)

따라서 원주의 합은

☐+☐=☐(cm)입니다.

답 ☐ cm

1-2

지름이 18 cm인 원 가와 원주가 62 cm인 원 나가 있습니다. 원 가와 나 중 더 작은 원의 기호는 무엇인지 풀이 과정을 쓰고 답을 구하시오.

(원주율: 3.1)

풀이

답 _____

2-2

원 가와 나의 원주의 차는 몇 cm인지 풀이 과정을 쓰고 답을 구하시오. (원주율: 3.1)

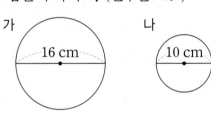

풀이

답 _____

3-1

지름이 25 cm인 원 모양의 고리를 몇 바퀴 굴렸더니 750 cm만큼 나아갔습니다. 고리를 몇 바퀴 굴렸는지 풀이 과정을 완성하고 답을 구하시오.

(원주율: 3)

풀이 (고리가 한 바퀴 굴러간 거리)

$= (고리의 원주) = 25 \times \boxed{} = \boxed{}$ (cm)

따라서 고리를 $750 \div \boxed{} = \boxed{}$ (바퀴) 굴렸습니다.

답 $\boxed{}$ 바퀴

4-1

원 가와 나의 넓이의 차는 몇 cm²인지 풀이 과정을 완성하고 답을 구하시오. (원주율: 3)

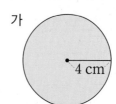

가   나

4 cm   3 cm

풀이 (원 가의 넓이) $= 4 \times 4 \times \boxed{} = \boxed{}$ (cm²),

(원 나의 넓이) $= 3 \times 3 \times \boxed{} = \boxed{}$ (cm²)

따라서 넓이의 차는

$\boxed{} - \boxed{} = \boxed{}$ (cm²)입니다.

답 $\boxed{}$ cm²

3-2

지름이 20 cm인 원 모양의 고리를 몇 바퀴 굴렸더니 930 cm만큼 나아갔습니다. 고리를 몇 바퀴 굴렸는지 풀이 과정을 쓰고 답을 구하시오.

(원주율: 3.1)

풀이

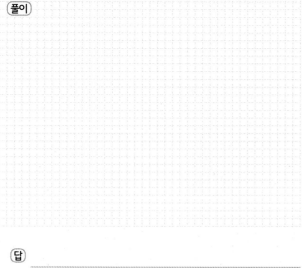

답 _____

4-2

원 가와 나의 넓이의 합은 몇 cm²인지 풀이 과정을 쓰고 답을 구하시오. (원주율: 3.1)

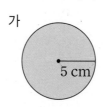 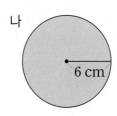

가   나

5 cm   6 cm

풀이

답 _____

01 지름이 4 cm인 원의 원주와 가장 비슷한 길이를 찾아 기호를 쓰시오.

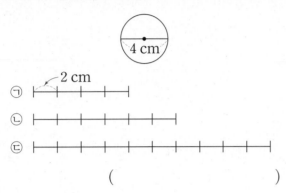

2 cm

㉠

㉡

㉢

(   )

02 원 모양 접시의 원주와 지름을 재어 보았습니다. 접시의 원주율을 반올림하여 소수 첫째 자리까지 나타내시오.

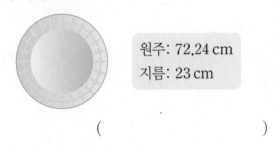

원주: 72.24 cm

지름: 23 cm

(   )

03 원주는 몇 cm입니까? (원주율: 3.14)

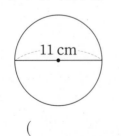

11 cm

(   )

04 큰 원의 원주는 몇 cm입니까? (원주율: 3)

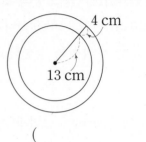

4 cm

13 cm

(   )

05 원주가 62.8 cm인 원입니다. ☐ 안에 알맞은 수를 써넣으시오. (원주율: 3.14)

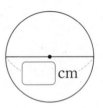

☐ cm

06 원주가 93 cm인 원입니다. ☐ 안에 알맞은 수를 써넣으시오. (원주율: 3.1)

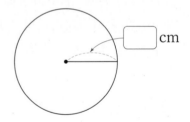

☐ cm

07 원 안의 노란색 모눈의 수와 원 밖의 빨간색 선 안쪽 모눈의 수를 이용하여 지름이 8 cm인 원의 넓이를 어림해 보시오.

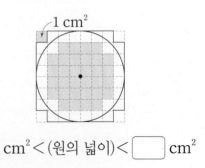

1 cm²

☐ cm² < (원의 넓이) < ☐ cm²

08 원 안의 정사각형의 넓이와 원 밖의 정사각형의 넓이를 이용하여 반지름이 15 cm인 원의 넓이를 어림해 보시오.

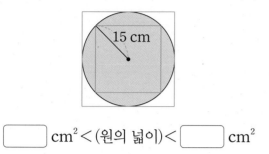

$$\boxed{}\,cm^2 < (원의 넓이) < \boxed{}\,cm^2$$

09 반지름이 8 cm인 원을 한없이 잘라 이어 붙여 만든 직사각형입니다. ☐ 안에 알맞은 수를 써넣고 원의 넓이를 구하시오. (원주율: 3.1)

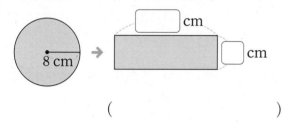

(   )

10 지름이 22 cm인 원을 한없이 잘라 이어 붙여 만든 직사각형입니다. 원의 넓이는 몇 cm²입니까? (원주율: 3)

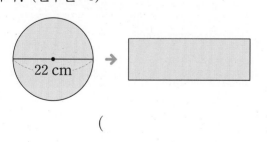

(   )

11 원의 넓이는 몇 cm²입니까? (원주율: 3.14)

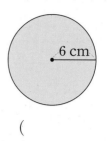

(   )

12 컴퍼스를 오른쪽과 같이 벌려서 원을 그렸습니다. 그린 원의 넓이는 몇 cm²입니까?

(원주율: 3.1)

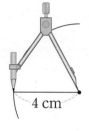

(   )

13 색칠한 부분의 넓이는 몇 cm²입니까?

(원주율: 3)

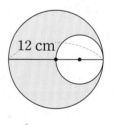

(   )

14 색칠한 부분의 넓이는 몇 cm²입니까?

(원주율: 3.1)

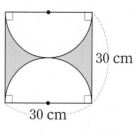

(   )

15 반지름이 17 cm인 원 모양의 고리를 한 바퀴 굴렸습니다. 고리가 굴러간 거리는 몇 cm입니까? (원주율: 3.1)

(　　　　　　　　　)

16 둘레가 40 cm인 정사각형 안에 그릴 수 있는 가장 큰 원의 넓이는 몇 cm²입니까?

(원주율: 3.1)

(　　　　　　　　　)

17 지름이 80 cm인 원 모양의 굴렁쇠를 한 바퀴 굴렸습니다. 굴렁쇠가 굴러간 거리는 몇 m입니까? (원주율: 3)

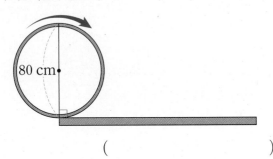

(　　　　　　　　　)

18 직사각형 안에 그릴 수 있는 가장 큰 원의 넓이는 몇 cm²입니까? (원주율: 3)

14 cm
32 cm

(　　　　　　　　　)

19 원 가와 나의 원주의 합은 몇 cm인지 풀이 과정을 쓰고 답을 구하시오. (원주율: 3.14)

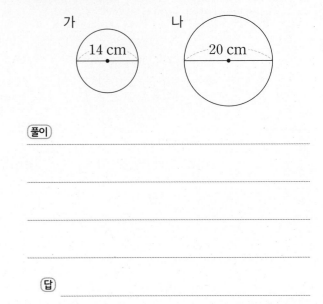

가　　　　나
14 cm　　　20 cm

풀이

답

20 원 가와 나의 넓이의 차는 몇 cm²인지 풀이 과정을 쓰고 답을 구하시오. (원주율: 3)

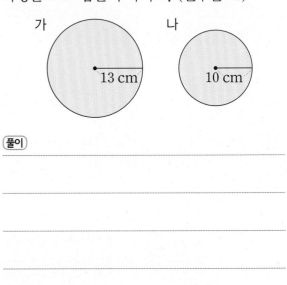

가　　　　나
13 cm　　　10 cm

풀이

답

01 □ 안에 알맞은 말을 써넣으시오.

원주율은 원의 □에 대한 □의 비율입니다.

02 설명이 잘못된 것을 찾아 기호를 쓰시오.

> ㉠ 원의 둘레를 원주라고 합니다.
> ㉡ 원주와 원의 지름은 길이가 같습니다.
> ㉢ 원의 크기와 상관없이 원주율은 일정합니다.
> ㉣ (원의 넓이)=(반지름)×(반지름)×(원주율)

( )

[03~04] 원주를 구하시오. (원주율: 3.14)

03

27 cm

( )

04

15 cm

( )

05 반지름이 4 cm인 원을 한없이 잘라 이어 붙여 만든 직사각형입니다. 이 직사각형의 가로는 몇 cm입니까? (원주율: 3)

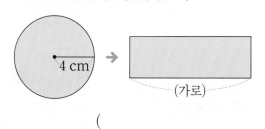

( )

[06~07] 각 원의 (원주)÷(지름)을 계산하여 원주율에 대해 알아보려고 합니다. 물음에 답하시오.

06 빈칸에 알맞은 수를 써넣으시오.

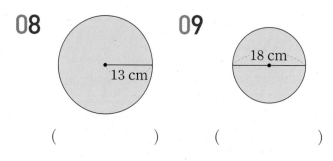

지름	원주	(원주)÷(지름)
9 cm	28.26 cm	
12 cm	37.68 cm	
18 cm	56.52 cm	

서술형

07 06에서 구한 (원주)÷(지름)을 보고 원주율에 대해 알 수 있는 것을 쓰시오.

알 수 있는 것

_____

[08~09] 원의 넓이를 구하시오. (원주율: 3)

08

13 cm

( )

09

18 cm

( )

10 원주가 50.24 cm인 원의 지름은 몇 cm입니까? (원주율: 3.14)

( )

11 원 가와 나의 반지름의 차는 몇 cm입니까?

(원주율: 3.1)

> 가: 지름이 20 cm인 원
> 나: 원주가 55.8 cm인 원

( )

단원 평가 기본   5. 원의 넓이

12 원주가 긴 원부터 차례로 기호를 쓰시오.

(원주율: 3)

> ㉠ 지름이 14 cm인 원
> ㉡ 반지름이 8 cm인 원
> ㉢ 원주가 57 cm인 원

(   )

13 길이가 87.92 cm인 끈을 사용하여 가장 큰 원을 1개 만들었습니다. 만든 원의 지름은 몇 cm입니까? (원주율: 3.14)

(   )

14 반지름이 20 m인 원 모양의 호수가 있습니다. 이 호수의 넓이는 몇 m²입니까? (원주율: 3.1)

(   )

15 반원의 넓이는 몇 cm²입니까? (원주율: 3)

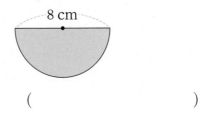

(   )

16 한 변의 길이가 10 cm인 정사각형 안에 그릴 수 있는 가장 큰 원의 넓이는 몇 cm²입니까?

(원주율: 3.14)

(   )

17 지름이 18 cm인 원과 지름이 15 cm인 원이 있습니다. 두 원의 원주의 합은 몇 cm입니까?

(원주율: 3.14)

(   )

18 반지름이 15 cm인 원과 반지름이 12 cm인 원이 있습니다. 두 원의 넓이의 차는 몇 cm²입니까? (원주율: 3)

(   )

19 색칠한 부분의 넓이는 몇 cm²입니까?

(원주율: 3.1)

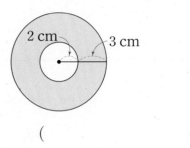

(   )

20 가장 큰 원의 넓이는 몇 cm²입니까?

(원주율: 3.14)

> • 지름이 12 cm인 원
> • 원주가 31.4 cm인 원
> • 반지름이 7 cm인 원

(   )

QR 코드를 찍어 단원 평가 를 더 풀어 보세요.

6
원기둥, 원뿔, 구

개념 ❶ 원기둥

- 원기둥의 밑면과 옆면

	원기둥의 밑면	원기둥의 옆면
모양	원	굽은 면
수	2개	1개

- 원기둥의 전개도

　(전개도에서 옆면의 세로)＝(원기둥의 높이)
　(전개도에서 옆면의 가로)＝(밑면의 둘레)
　　　　　　　　　　　　＝(지름)×(원주율)

핵심 원기둥의 전개도에서 옆면은 직사각형 모양

원기둥의 두 ❶[　][　]은 서로 평행하고 합동인 원 모양입니다.

원기둥을 잘라서 펼쳐 놓은 그림을 원기둥의

❷[　][　][　]라고 합니다.

[전에 배운 내용]

- 각기둥: 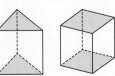, , 등과 같이 두 밑면이 서로 평행하고 합동인 다각형으로 이루어진 입체도형
- 각기둥의 옆면은 직사각형입니다.
- 각기둥의 이름은 밑면의 모양에 따라 정해집니다.

삼각기둥　　사각기둥　　오각기둥　　육각기둥

- 각기둥의 전개도: 각기둥의 모서리를 잘라서 펼쳐 놓은 그림

각기둥에는 꼭짓점과 모서리가 있지만 원기둥에는 꼭짓점과 모서리가 없습니다.

개념 ❷ 원뿔, 구

- 원뿔의 밑면과 옆면

	원뿔의 밑면	원뿔의 옆면
모양	원	굽은 면
수	1개	1개

- 구의 구성 요소

구의 중심: 구에서 가장 안쪽에 있는 점

구의 반지름: 구에서 가장 안쪽에 있는 점

핵심 원기둥, 원뿔, 구 모두 위에서 본 모양이 같음

원뿔과 구는 ❸[　][　] 면이 있고 위에서 본 모양이

❹[　]입니다.

[전에 배운 내용]

- 각뿔: 밑면이 다각형이고, 옆면이 모두 삼각형인 뿔 모양의 입체도형
- 각뿔의 밑면과 옆면은 모두 1개입니다.
- 각뿔의 이름은 밑면의 모양에 따라 정해집니다.

삼각뿔　　　사각뿔　　　오각뿔　　　육각뿔

각뿔과 원뿔 모두 뿔 모양의 입체도형이지만 밑면과 옆면의 모양이 다릅니다.

정답 ❶ 밑면　❷ 전개도　❸ 굽은　❹ 원

체크

1-1 원기둥을 모두 찾아 ○표 하시오.

(1)

(　)　　　　(　)

(2)

(　)　　　　(　)

(3)

(　)　　　　(　)

1-2 원기둥의 전개도를 보고 □ 안에 알맞은 말을 써넣으시오.

(1)
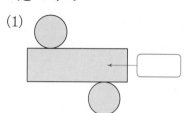

(2)
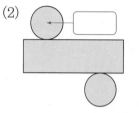

체크

2-1 원뿔을 모두 찾아 ○표 하시오.

(1)

(　)　　　　(　)

(2)

(　)　　　　(　)

(3)

(　)　　　　(　)

2-2 □ 안에 알맞은 말을 써넣으시오.

(1)
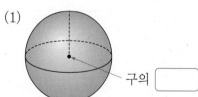 구의 □

(2)
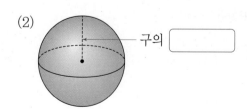 구의 □

기본 문제

[01~04] 원기둥의 높이를 구하시오.

01

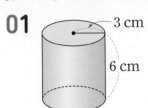

3 cm

6 cm

( )

02

4 cm

7 cm

( )

03

20 cm   12 cm

( )

04

12 cm   16 cm

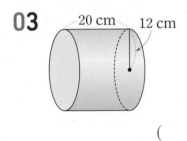

( )

[05~08] 원기둥의 전개도로 알맞은 것에 ○표 하시오.

05

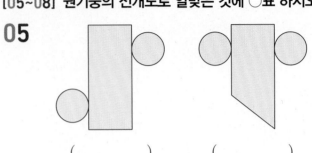

( )   ( )

06

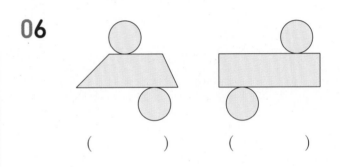

( )   ( )

07

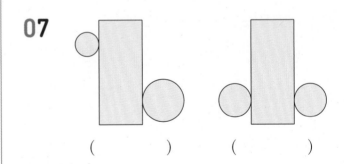

( )   ( )

08

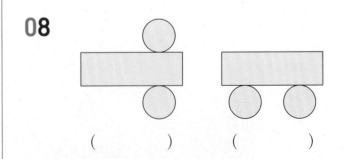

( )   ( )

[09~13] ☐ 안에 알맞은 말을 보기 에서 찾아 써넣으시오.

보기

꼭짓점   높이   밑면   모선   옆면

09

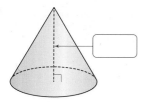

☐

10

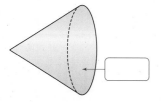

☐

11

원뿔의 ☐

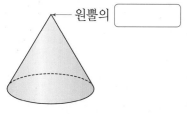

12

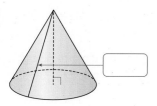

☐

13

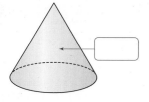

☐

[14~17] 구의 반지름을 구하시오.

14

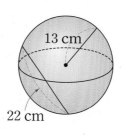

13 cm

22 cm

(   )

15

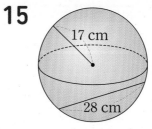

17 cm

28 cm

(   )

16

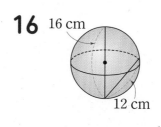

16 cm

12 cm

(   )

17

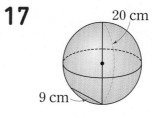

20 cm

9 cm

(   )

6. 원기둥, 원뿔, 구

기본유형

2단계

▶ 핵심 내용 ◀ 원기둥의 두 밑면은 서로 평행하고 합동인 원

 유형 01 **원기둥 알아보기**

01 다음과 같은 도형을 무엇이라고 합니까?

( )

02 원기둥 모양의 물건을 모두 찾아 기호를 쓰시오.

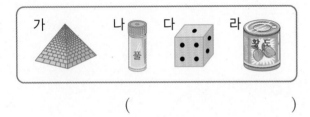

( )

03 직사각형 모양의 종이를 한 변을 기준으로 한 바퀴 돌리면 어떤 입체도형이 되는지 그리시오.

04 원기둥의 각 부분의 이름 중 잘못된 것은 어느 것입니까? ·················· ( )

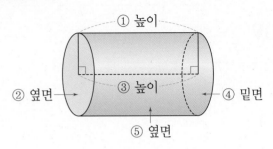

05 원기둥의 높이를 재는 그림에 ○표 하시오.

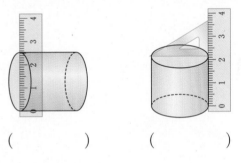

( ) ( )

06 다음을 보고 원기둥의 밑면의 반지름과 높이를 차례로 구하시오.

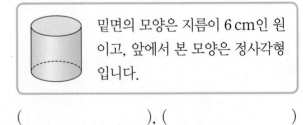

밑면의 모양은 지름이 6 cm인 원이고, 앞에서 본 모양은 정사각형입니다.

( ), ( )

→ 핵심 내용 원기둥의 밑면은 원, 옆면은 굽은 면
각기둥의 밑면은 다각형, 옆면은 직사각형

→ 핵심 내용 (전개도에서 옆면의 세로)=(원기둥의 높이)
(전개도에서 옆면의 가로)=(밑면의 둘레)

유형 **02** 원기둥과 각기둥 비교하기

유형 **03** 원기둥의 전개도 알아보기

07 원기둥에는 '원', 각기둥에는 '각'이라고 쓰시오.

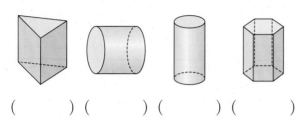

(   ) (   ) (   ) (   )

08 원기둥과 각기둥의 특징을 찾아 알맞게 선으로 이으시오.

굽은 면이 있습니다.	·
꼭짓점이 있습니다.	·
굴리면 잘 굴러갑니다.	·

· 원기둥

· 각기둥

익힘책 유형
09 원기둥과 삼각기둥에 대해 바르게 말한 친구 의 이름을 쓰시오.

> 진성: 원기둥의 밑면은 원이고 삼각기둥의 밑 면은 삼각형이야.
> 은지: 원기둥과 삼각기둥 모두 꼭짓점과 모서 리가 있어.
> 재하: 원기둥과 삼각기둥 모두 옆면이 평평한 면이야.

(   )

익힘책 유형
10 원기둥을 만들 수 있는 전개도를 찾아 기호를 쓰시오.

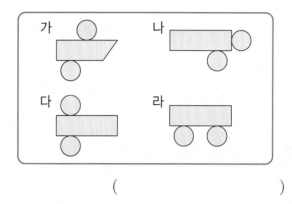

(   )

교과서 유형
11 원기둥의 전개도를 완성하시오. (원주율: 3)

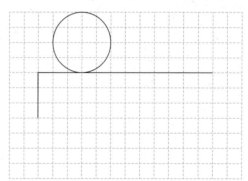

12 원기둥의 전개도에서 밑면의 둘레와 길이가 같은 선분을 모두 찾아 표시하시오.

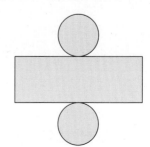

6

원 기 둥 , 원 뿔 , 구

13 원기둥의 전개도에서 높이와 길이가 같은 선분을 모두 찾아 표시하시오.

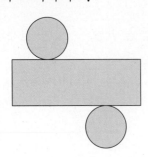

14 원기둥의 전개도를 보고 ☐ 안에 알맞은 수를 써넣으시오. (원주율: 3.1)

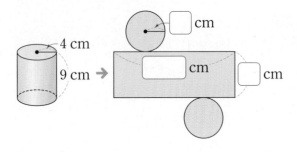

15 전개도를 접었을 때 생기는 원기둥의 밑면의 둘레는 몇 cm입니까? (원주율: 3)

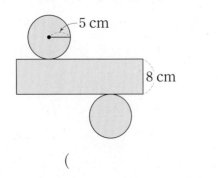

(   )

핵심 내용 ▶ 평평한 면이 원이고 옆을 둘러싼 면이 굽은 면인 뿔 모양

유형 **04** 원뿔 알아보기

16 다음 중 원뿔은 어느 것입니까?······(   )

17 직각삼각형 모양의 종이를 한 변을 기준으로 한 바퀴 돌리면 어떤 입체도형이 되는지 그리시오.

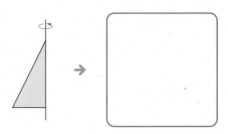

18 원뿔의 밑면을 찾아 색칠하시오.

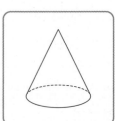

핵심 내용 ▸ 원뿔의 밑면은 원, 옆면은 굽은 면
각뿔의 밑면은 다각형, 옆면은 삼각형

19 원뿔에서 높이와 모선의 길이는 각각 몇 cm인지 구하시오.

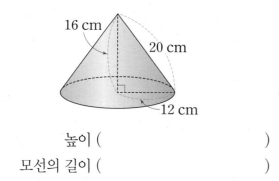

16 cm
20 cm
12 cm

높이 (   )

모선의 길이 (   )

20 원뿔의 높이와 밑면의 지름의 차는 몇 cm입니까?

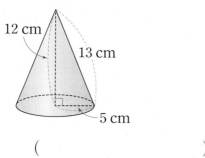

12 cm
13 cm
5 cm

(   )

21 원뿔에 대한 설명을 모두 찾아 기호를 쓰시오.

> ㉠ 밑면이 1개입니다.
> ㉡ 꼭짓점이 없습니다.
> ㉢ 옆면이 굽은 면입니다.
> ㉣ 기둥 모양의 입체도형입니다.

(   )

유형 05 원뿔과 각뿔 비교하기

22 입체도형들을 두 종류로 분류하였습니다. ☐ 안에 알맞은 입체도형의 이름을 써넣으시오.

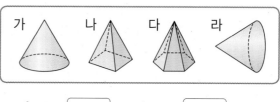

가   나   다   라

나와 다는 ☐☐☐ , 가와 라는 ☐☐☐ 입니다.

23 입체도형을 보고 빈칸에 알맞게 써넣으시오.

입체도형		
밑면의 모양	오각형	
밑면의 수		
위에서 본 모양		원
옆에서 본 모양	삼각형	

24 원뿔과 각뿔의 공통점에 대해 잘못 말한 친구의 이름을 쓰시오.

> 성진: 밑면이 1개씩 있어.
> 지아: 꼭짓점이 있어.
> 희철: 옆면이 굽은 면이야.

(   )

→ 핵심 내용 구의 반지름은 모두 같음

유형 06 구 알아보기

25 구의 각 부분을 찾아 기호를 쓰시오.

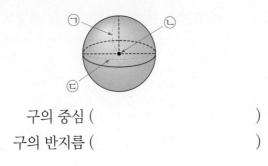

구의 중심 (   )

구의 반지름 (   )

26 두 구의 반지름의 합은 몇 cm입니까?

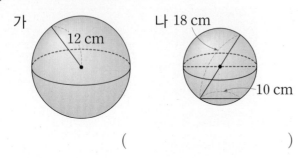

(   )

27 반원 모양의 종이를 지름을 기준으로 한 바퀴 돌려 구를 만들었습니다. ☐ 안에 알맞은 수를 써넣으시오.

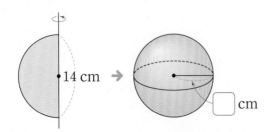

→ 핵심 내용 입체도형의 모양과 구성 요소에서 공통점과 차이점 찾기

유형 07 원기둥, 원뿔, 구 비교하기

28 입체도형을 보고 빈칸에 알맞은 기호를 써넣으시오.

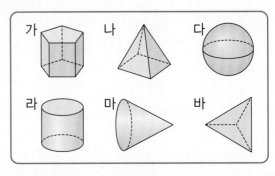

원기둥	원뿔	구

29 원뿔에는 있으나 원기둥에는 없는 것을 찾아 기호를 쓰시오.

ㄱ 높이   ㄴ 밑면
ㄷ 옆면   ㄹ 꼭짓점

(   )

30 ☐ 안에 알맞은 말을 써넣으시오.

(1) 원기둥과 구는 모두 ☐ 면이 있습니다.

(2) 원뿔은 뾰족한 부분이 ☐고, 구는 뾰족한 부분이 ☐습니다.

공부한 날 ( ) 월 ( ) 일

잘 틀리는 유형 08 입체도형을 위, 앞, 옆에서 본 모양

31 원뿔을 위, 앞, 옆에서 본 모양을 그리시오.

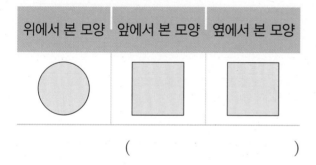

입체도형	위에서 본 모양	앞에서 본 모양	옆에서 본 모양

32 어떤 입체도형을 위, 앞, 옆에서 본 모양입니다. 이 입체도형의 이름을 쓰시오.

위에서 본 모양	앞에서 본 모양	옆에서 본 모양
○	□	□

(   )

함정 유형 33 구를 위에서 본 모양의 둘레는 몇 cm입니까?

(원주율: 3.1)

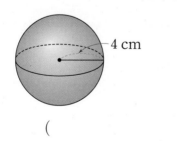

—4 cm

(   )

KEY 구는 어느 방향에서 보아도 항상 원 모양입니다.

잘 틀리는 유형 09 원기둥의 밑면의 반지름 구하기

34 원기둥과 원기둥의 전개도를 보고 밑면의 반지름은 몇 cm인지 구하시오. (원주율: 3)

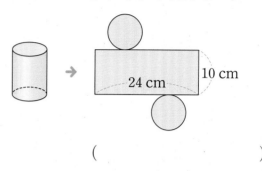

24 cm   10 cm

(   )

35 전개도를 접었을 때 생기는 원기둥의 밑면의 반지름은 몇 cm입니까? (원주율: 3.1)

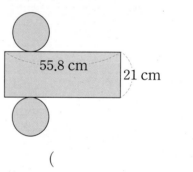

55.8 cm   21 cm

(   )

함정 유형 36 색종이로 옆면의 가로가 37.68 cm, 세로가 15 cm인 원기둥의 전개도를 만들었습니다. 한 밑면에 사용된 색종이의 넓이는 몇 cm²입니까? (원주율: 3.14)

(   )

KEY 옆면의 가로와 세로가 각각 무엇과 길이가 같은지 주의합니다.

2단계 서술형 유형

1-1

원기둥과 원뿔의 높이의 차는 몇 cm인지 풀이 과정을 완성하고 답을 구하시오.

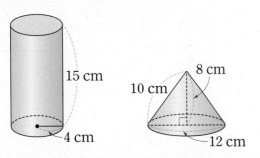

풀이 원기둥의 높이는 □cm이고, 원뿔의 높이는 □cm입니다. 따라서 높이의 차는

□−□=□(cm)입니다.

답 □cm

1-2

원기둥과 원뿔의 높이의 차는 몇 cm인지 풀이 과정을 쓰고 답을 구하시오.

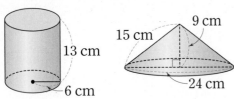

풀이

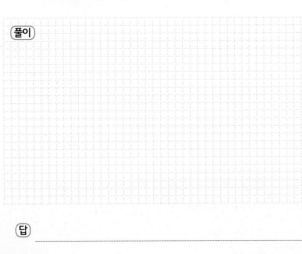

답 _____

2-1

직사각형 모양의 종이를 한 변을 기준으로 한 바퀴 돌렸을 때 만들어지는 입체도형의 밑면의 둘레는 몇 cm인지 풀이 과정을 완성하고 답을 구하시오.

(원주율: 3)

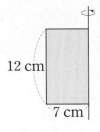

풀이 만들어지는 입체도형은 밑면의 반지름이

□cm인 원기둥입니다.

따라서 밑면의 둘레는

□×2×□=□(cm)입니다.

답 □cm

2-2

직각삼각형 모양의 종이를 한 변을 기준으로 한 바퀴 돌렸을 때 만들어지는 입체도형의 밑면의 둘레는 몇 cm 인지 풀이 과정을 쓰고 답을 구하시오.

(원주율: 3.1)

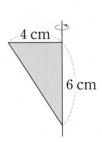

풀이

답 _____

3-1

㉠과 ㉡에 알맞은 수를 구하는 풀이 과정을 완성하고 답을 구하시오.(원주율: 3)

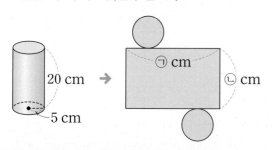

풀이 옆면의 가로는 밑면의 [ ]와 길이가 같습니다. ➡ ㉠=[ ]×2×[ ]=[ ]

옆면의 세로는 원기둥의 [ ]와 길이가 같습니다. ➡ ㉡=[ ]

답 ㉠: [ ], ㉡: [ ]

4-1

반원 모양의 종이를 지름을 기준으로 한 바퀴 돌려 구를 만들었습니다. 구를 앞에서 본 모양의 넓이는 몇 cm²인지 풀이 과정을 완성하고 답을 구하시오. (원주율: 3)

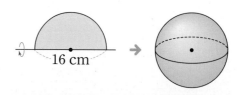

풀이 구를 앞에서 본 모양은 반지름이 [ ]cm인 원입니다. 따라서 넓이는

[ ]×8×[ ]=[ ](cm²)입니다.

답 [ ] cm²

3-2

㉠과 ㉡에 알맞은 수를 구하는 풀이 과정을 쓰고 답을 구하시오.(원주율: 3.1)

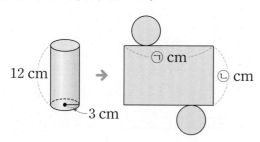

풀이

답 ㉠: , ㉡:

4-2

반원 모양의 종이를 지름을 기준으로 한 바퀴 돌려 구를 만들었습니다. 구를 앞에서 본 모양의 넓이는 몇 cm²인지 풀이 과정을 쓰고 답을 구하시오. (원주율: 3.14)

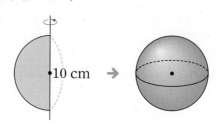

풀이

답

6

원기둥, 원뿔, 구

01 원기둥 모양의 물건을 찾아 기호를 쓰시오.

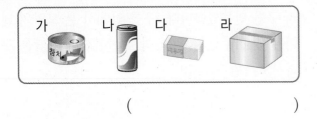

( )

02 원기둥의 각 부분의 이름 중 잘못된 것은 어느 것입니까? ······ ( )

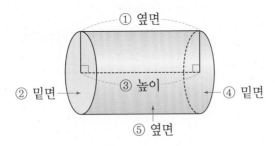

03 다음을 보고 원기둥의 밑면의 반지름과 높이를 차례로 구하시오.

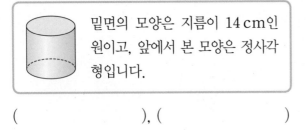

밑면의 모양은 지름이 14 cm인 원이고, 앞에서 본 모양은 정사각형입니다.

( ), ( )

04 원기둥에는 '원', 각기둥에는 '각'이라고 쓰시오.

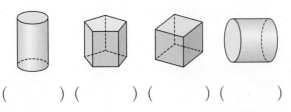

( ) ( ) ( ) ( )

05 원기둥의 전개도를 완성하시오. (원주율: 3)

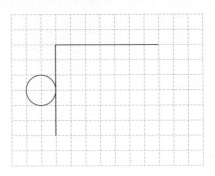

06 원기둥의 전개도를 보고 □ 안에 알맞은 수를 써넣으시오. (원주율: 3)

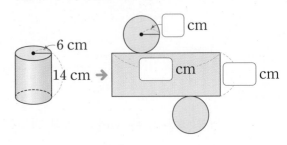

07 전개도를 접었을 때 생기는 원기둥의 밑면의 둘레는 몇 cm입니까? (원주율: 3.14)

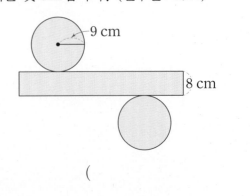

( )

08 다음 중 원뿔은 어느 것입니까?·····(   )

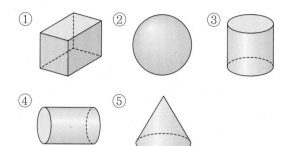

09 원뿔의 높이와 밑면의 지름의 차는 몇 cm입니까?

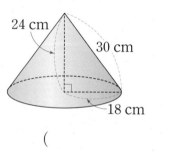

(   )

10 원뿔에 대한 설명을 모두 찾아 기호를 쓰시오.

> ㉠ 옆면이 굽은 면입니다.
> ㉡ 공 모양의 입체도형입니다.
> ㉢ 밑면이 2개이고 원 모양입니다.
> ㉣ 꼭짓점이 1개입니다.

(   )

11 입체도형을 보고 빈칸에 알맞게 써넣으시오.

입체도형		
밑면의 모양	육각형	
밑면의 수	1개	
위에서 본 모양		원
옆에서 본 모양	삼각형	

12 두 구의 반지름의 합은 몇 cm입니까?

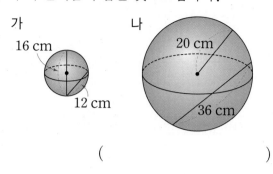

(   )

13 반원 모양의 종이를 지름을 기준으로 한 바퀴 돌려 구를 만들었습니다. ☐ 안에 알맞은 수를 써넣으시오.

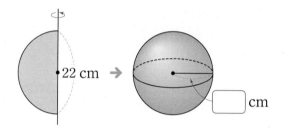

14 ☐ 안에 알맞은 말을 써넣으시오.

(1) 원기둥과 원뿔은 모두 밑면이 ☐ 모양입니다.

(2) 원기둥은 평평한 면이 ☐고, 구는 평평한 면이 ☐습니다.

15 어떤 입체도형을 위, 앞, 옆에서 본 모양입니다. 이 입체도형의 이름을 쓰시오.

위에서 본 모양	앞에서 본 모양	옆에서 본 모양
◯	◯	◯

(   )

16 전개도를 접었을 때 생기는 원기둥의 밑면의 반지름은 몇 cm입니까? (원주율: 3)

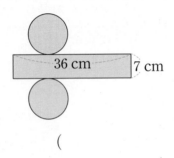

(   )

함정유형
17 원뿔을 위에서 본 모양의 둘레는 몇 cm입니까?
(원주율: 3.1)

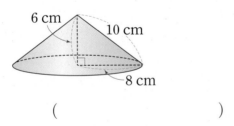

(   )

함정유형
18 색종이로 옆면의 가로가 54 cm, 세로가 21 cm 인 원기둥의 전개도를 만들었습니다. 한 밑면에 사용된 색종이의 넓이는 몇 cm²입니까?
(원주율: 3)

(   )

서술형
19 직사각형 모양의 종이를 한 변을 기준으로 한 바퀴 돌렸을 때 만들어지는 입체도형의 밑면의 둘레는 몇 cm인지 풀이 과정을 쓰고 답을 구하시오. (원주율: 3.1)

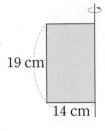

19 cm

14 cm

[풀이]

[답]

서술형
20 ㉠과 ㉡에 알맞은 수를 구하는 풀이 과정을 쓰고 답을 구하시오.(원주율: 3.14)

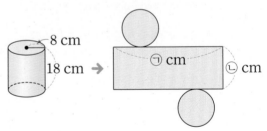

8 cm

18 cm → ㉠ cm   ㉡ cm

[풀이]

[답] ㉠:   , ㉡:

[01~03] 입체도형을 보고 물음에 답하시오.

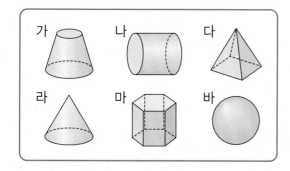

01 원기둥을 찾아 기호를 쓰시오.

( )

02 원뿔을 찾아 기호를 쓰시오.

( )

03 구를 찾아 기호를 쓰시오.

( )

04 모선의 길이를 재는 그림에 ○표 하시오.

( ) ( ) ( )

05 구의 반지름은 몇 cm입니까?

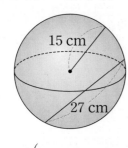
15 cm
27 cm

( )

[06~07] ☐ 안에 알맞은 수나 말을 써넣으시오.

06 원기둥의 밑면은 ☐개이고, 옆면은 ☐ 면입니다.

07 원뿔의 밑면은 ☐개이고, 옆면은 ☐ 면입니다.

08 원기둥이 되도록 완성하시오.

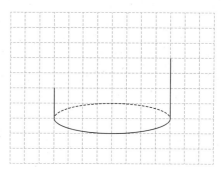

09 반원 모양의 종이를 지름을 기준으로 한 바퀴 돌려 만든 입체도형의 이름은 무엇입니까?

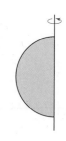

( )

[10~11] 밑면에 모두 ○표 하시오.

10

11

[12~13] 원기둥과 원기둥의 전개도를 보고 물음에 답하시오. (원주율: 3.14)

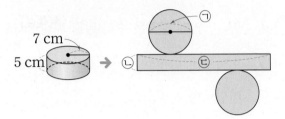

12 ㉠과 ㉡의 길이를 각각 구하시오.

㉠ (   )

㉡ (   )

13 ㉢의 길이를 구하려고 합니다. ☐ 안에 알맞은 수를 써넣으시오.

㉢ = ㉠ × (원주율)

= ☐ × ☐ = ☐ (cm)

14 원뿔에서 모선의 개수는 몇 개입니까?

…………………………………… (   )

① 0개   ② 1개   ③ 2개

④ 4개   ⑤ 무수히 많습니다.

[15~16] 입체도형에 대한 설명이 맞으면 ○표, 틀리면 ×표 하시오.

15 원뿔에는 뾰족한 부분이 없습니다.

(   )

16 구는 어느 방향에서 보아도 모양이 같습니다.

(   )

17 오른쪽 도형이 원기둥이 아닌 이유를 쓰시오.

[이유]

_____

_____

18 밑면의 둘레는 42 cm이고 높이가 12 cm인 원기둥의 전개도입니다. 이 전개도에서 직사각형의 둘레는 몇 cm인지 구하시오.

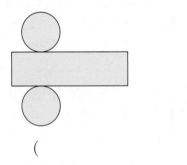

(   )

19 구를 위에서 본 모양의 넓이가 77.5 cm²입니다. 구의 반지름은 몇 cm입니까? (원주율: 3.1)

(   )

20 직각삼각형 모양의 종이를 한 변을 기준으로 한 바퀴 돌렸을 때 만든 입체도형을 보고 밑면의 지름과 높이의 차는 몇 cm인지 구하시오.

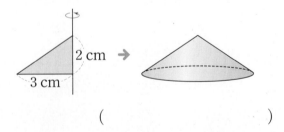

(   )

QR 코드를 찍어 **단원 평가** 를 더 풀어 보세요.

모든 유형을
다 담은
해결의 법칙

유형 해결의 법칙 BOOK 2 QR 활용 안내

오답 노트

오답노트 저장! 출력!

학습을 마칠 때에는 **오답노트**에 어떤 문제를 틀렸는지 표시해.

나중에 틀린 문제만 모아서 다시 풀면 **실력도 쑥쑥** 늘겠지?

① 오답노트 앱을 설치 후 로그인
② 책 표지의 QR 코드를 스캔하여 내 교재 등록
③ 오답 노트를 작성할 교재 아래에 있는 를 터치하여 문항 번호를 선택하기

문항번호 선택

날짜별 또는 단원별 보기

인쇄 가능

틀린 문제는 모르는 채 넘어 가지 말자구!

모든 문제의 풀이 동영상 강의 제공

문제 풀이 동영상 강의

잘 틀리는 **실력 유형**

1. 분수의 나눗셈

문제 풀이 동영상 강의

다르지만 **같은 유형**

1. 분수의 나눗셈

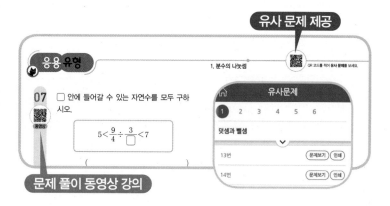

유사 문제 제공

응용 유형

1. 분수의 나눗셈

07 □ 안에 들어갈 수 있는 자연수를 모두 구하시오.

$$5 < \frac{9}{4} \div \frac{3}{\square} < 7$$

유사문제

덧셈과 뺄셈

13번

14번

문제 풀이 동영상 강의

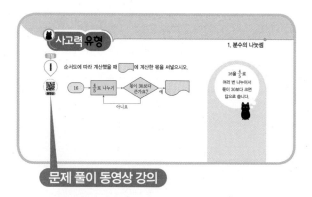

사고력 유형

1. 분수의 나눗셈

순서도에 따라 계산했을 때 □ 에 계산한 몫을 써넣으시오.

16 → 몫으로 나누기 → 몫이 30보다 큰가요? → 예

아니오

16을 □로 여러 번 나누어서 몫이 30보다 크면 답으로 씁니다.

문제 풀이 동영상 강의

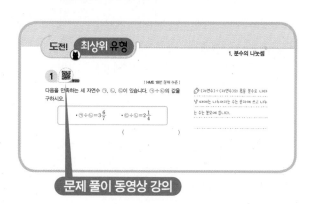

도전! **최상위 유형**

1. 분수의 나눗셈

[HME 18번 문제 수준]

1 다음을 만족하는 세 자연수 ㉠, ㉡, ㉢이 있습니다. ㉠÷㉢의 값을 구하시오.

㉠÷㉡=$3\frac{6}{7}$ ㉡÷㉢=$2\frac{1}{4}$

문제 풀이 동영상 강의

구성과 특징

Book ② 실력
난이도 중, 상과 최상위 문제로 구성하였습니다.

연습
잘 틀리는 실력 유형
다르지만 같은 유형

완성
응용 유형

도전
사고력 유형
최상위 유형

잘 틀리는 실력 유형

잘 틀리는 실력 유형으로 오답을 피할 수
있도록 연습하고 새 교과서에 나온 활동
유형으로 다른 교과서에 나오는
잘 틀리는 문제를 연습합니다.

▶ 동영상 강의 제공

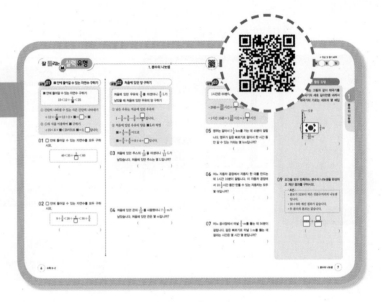

다르지만 같은 유형

다르지만 같은 유형으로 어려운 문제도
결국 같은 유형이라는 것을 안다면 쉽게
해결할 수 있습니다.

▶ 동영상 강의 제공

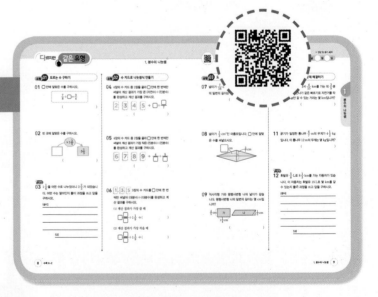

응용 유형

응용 유형 문제를 풀면서 어려운 문제도
풀 수 있는 힘을 키워 보세요.

▶ 동영상 강의 제공

👥 유사 문제 제공

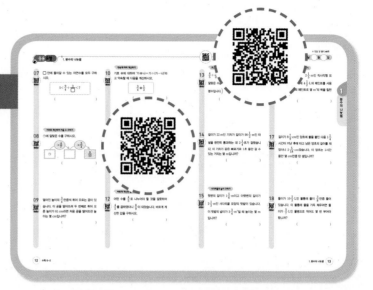

사고력 유형

평소 쉽게 접하지 않은 사고력 유형도
연습할 수 있습니다.

▶ 동영상 강의 제공

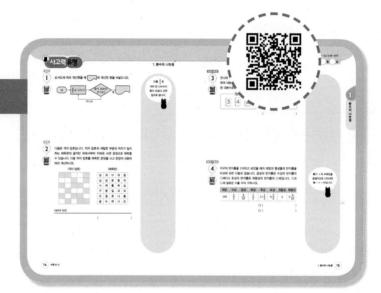

도전! 최상위 유형

도전! 최상위 유형~ 가장 어려운 최상위
문제를 풀려고 도전해 보세요.

▶ 동영상 강의 제공

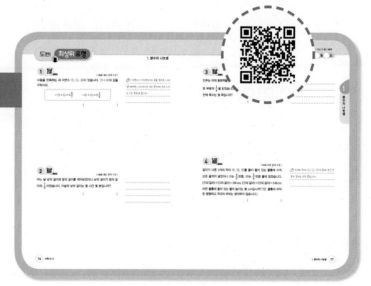

1

분수의 나눗셈

학습 계획표

계획표대로 공부했으면 ○표, 못했으면 △표 하세요.

내용	쪽수	날짜		확인
잘 틀리는 실력 유형	6~7쪽	월	일	
다르지만 같은 유형	8~9쪽	월	일	
응용 유형	10~13쪽	월	일	
사고력 유형	14~15쪽	월	일	
최상위 유형	16~17쪽	월	일	

유형 01 ■ 안에 들어갈 수 있는 자연수 구하기

■ 안에 들어갈 수 있는 자연수 구하기

$$15 < 12 \div \frac{2}{■} < 25$$

① 간단히 나타낼 수 있는 식은 간단히 나타내기

→ $12 \div \frac{2}{■} = 12 \div 2 \times ■ = \boxed{} \times ■$

② ①의 식을 이용하여 ■ 구하기

→ $15 < 6 \times ■ < 25$이므로 ■=3, $\boxed{}$입니다.

01 $\boxed{}$ 안에 들어갈 수 있는 자연수를 모두 구하시오.

$$40 < 35 \div \frac{5}{\boxed{}} < 60$$

(   )

02 $\boxed{}$ 안에 들어갈 수 있는 자연수를 모두 구하시오.

$$9 \div \frac{3}{8} < 20 \div \frac{4}{\boxed{}} < 30 \div \frac{5}{6}$$

(   )

유형 02 처음에 있던 양 구하기

처음에 있던 우유의 $\frac{5}{9}$를 마셨더니 $\frac{8}{9}$ L가 남았을 때 처음에 있던 우유의 양 구하기

① 남은 우유는 처음에 있던 우유의

$1 - \frac{5}{9} = \frac{9}{9} - \frac{5}{9} = \frac{\boxed{}}{9}$입니다.

② 처음에 있던 우유의 양을 ■ L라 하면

$■ \times \frac{4}{9} = \frac{8}{9}$이므로

$■ = \frac{8}{9} \div \frac{4}{9} = 8 \div 4 = \boxed{}$입니다.

03 처음에 있던 주스의 $\frac{7}{10}$을 마셨더니 $\frac{7}{12}$ L가 남았습니다. 처음에 있던 주스는 몇 L입니까?

(   )

04 처음에 있던 끈의 $\frac{5}{11}$를 사용했더니 $7\frac{1}{2}$ m가 남았습니다. 처음에 있던 끈은 몇 m입니까?

(   )

● 정답 및 풀이 **42**쪽

QR 코드를 찍어 **동영상 특강**을 보세요.

유형 03 시간을 분수로 고쳐 계산하기

1시간은 60분이므로 1분=$\frac{1}{60}$시간입니다.

- 20분=$\frac{20}{60}$시간=$\frac{\square}{3}$시간

- 1시간 15분=1$\frac{15}{60}$시간=1$\frac{\square}{4}$시간

05 영우는 걸어서 2$\frac{1}{4}$ km를 가는 데 40분이 걸립니다. 영우가 같은 빠르기로 걸어서 한 시간 동안 갈 수 있는 거리는 몇 km입니까?

( )

06 어느 자동차 공장에서 자동차 한 대를 만드는 데 1시간 10분이 걸립니다. 이 자동차 공장에서 10$\frac{1}{2}$시간 동안 만들 수 있는 자동차는 모두 몇 대입니까?

( )

07 어느 공사장에서 터널 $\frac{2}{5}$ m를 뚫는 데 50분이 걸립니다. 같은 빠르기로 터널 1 m를 뚫는 데 걸리는 시간은 몇 시간 몇 분입니까?

( )

유형 04 새 교과서에 나온 활동 유형

08 조의를 표하는 날에는 그림과 같이 태극기를 깃봉에서부터 태극기의 세로 길이만큼 내려서 게양합니다. 태극기의 가로는 세로의 몇 배입니까?

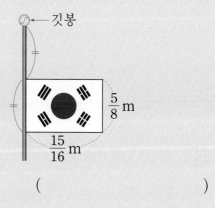

( )

09 조건을 모두 만족하는 분수의 나눗셈을 완성하고 계산 결과를 구하시오.

┌조건┐
- 분모가 12보다 작은 진분수끼리의 나눗셈입니다.
- 10÷9와 계산 결과가 같습니다.
- 두 분수의 분모는 같습니다.

( )

다르지만 같은 유형

유형 01 모르는 수 구하기

01 ☐ 안에 알맞은 수를 구하시오.

$$\frac{7}{8} \div \square = \frac{3}{4}$$

(   )

02 빈 곳에 알맞은 수를 구하시오.

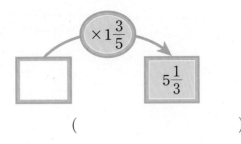

(   )

서술형

03 $1\frac{1}{6}$을 어떤 수로 나누었더니 $2\frac{2}{3}$가 되었습니다. 어떤 수는 얼마인지 풀이 과정을 쓰고 답을 구하시오.

[풀이]

_____

_____

_____

[답]

유형 02 수 카드로 나눗셈식 만들기

04 4장의 수 카드 중 2장을 골라 ☐ 안에 한 번씩만 써넣어 계산 결과가 가장 큰 (자연수)÷(진분수)를 완성하고 계산 결과를 구하시오.

$$\boxed{2} \ \boxed{3} \ \boxed{4} \ \boxed{5} \ \rightarrow \ \square \div \frac{\square}{7}$$

(   )

05 4장의 수 카드 중 2장을 골라 ☐ 안에 한 번씩만 써넣어 계산 결과가 가장 작은 (진분수)÷(진분수)를 완성하고 계산 결과를 구하시오.

$$\boxed{6} \ \boxed{7} \ \boxed{8} \ \boxed{9} \ \rightarrow \ \frac{4}{\square} \div \frac{5}{\square}$$

(   )

06 $\boxed{1}$, $\boxed{3}$, $\boxed{5}$ 3장의 수 카드를 ☐ 안에 한 번씩만 써넣어 (대분수)÷(대분수)를 완성하고 계산 결과를 구하시오.

(1) 계산 결과가 가장 클 때

$$\square \frac{\square}{\square} \div 1\frac{1}{9} \ \rightarrow \ (\qquad\qquad)$$

(2) 계산 결과가 가장 작을 때

$$\square \frac{\square}{\square} \div 1\frac{1}{9} \ \rightarrow \ (\qquad\qquad)$$

유형 03 도형의 넓이를 이용하여 길이 구하기

07 넓이가 $\frac{7}{16}$ cm²이고 높이가 $\frac{7}{24}$ cm인 삼각형의 밑변의 길이는 몇 cm입니까?

( )

08 넓이가 $\frac{1}{3}$ cm²인 마름모입니다. ☐ 안에 알맞은 수를 써넣으시오.

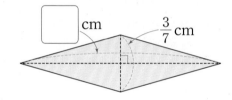

09 직사각형 가와 평행사변형 나의 넓이가 같습니다. 평행사변형 나의 밑변의 길이는 몇 cm입니까?

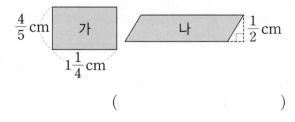

( )

유형 04 단위량을 구해 문제 해결하기

10 안나는 자전거를 타서 $\frac{4}{15}$ km를 가는 데 $\frac{3}{5}$분이 걸립니다. 안나가 같은 빠르기로 자전거를 타서 10분 동안 갈 수 있는 거리는 몇 km입니까?

( )

11 굵기가 일정한 통나무 $\frac{6}{7}$ m의 무게가 $4\frac{1}{2}$ kg 입니다. 이 통나무 12 m의 무게는 몇 kg입니까?

( )

서술형
12 휘발유 $\frac{5}{8}$ L로 $8\frac{1}{3}$ km를 가는 자동차가 있습니다. 이 자동차는 휘발유 15 L로 몇 km를 갈 수 있는지 풀이 과정을 쓰고 답을 구하시오.

[풀이]

_____

_____

_____

_____

_____

[답] _____

1

분수의 나눗셈

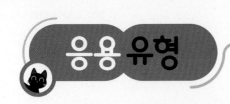

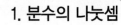

거꾸로 계산하여 처음 수 구하기

01 ❷ ㉠에 알맞은 수를 구하시오.

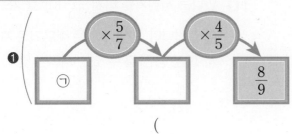

(   )

❶ ■ × ▲ = ● ➡ ■ = ● ÷ ▲

❷ ❶의 관계를 이용하여 차례로 식을 세워 계산합니다.

약속에 따라 계산하기

02 ❶기호 ■에 대하여 '가 ■ 나 = 가 ÷ (가 + 나)'라고 약속할 때 / ❷다음을 계산하시오.

❶ $\dfrac{5}{8}$ ■ $\dfrac{2}{5}$

(   )

❶ 약속에 따라 식을 씁니다.

❷ ❶에서 쓴 식을 계산합니다.

바르게 계산한 값 구하기

03 ❷어떤 수를 $\dfrac{2}{3}$로 나누어야 할 것을 / ❶잘못하여 $\dfrac{2}{3}$를 곱하였더니 $\dfrac{4}{5}$가 되었습니다. / ❷바르게 계산한 값을 구하시오.

(   )

❶ 잘못 계산한 식을 세워 어떤 수를 구합니다.

❷ 바른 식을 세워 계산합니다.

조건에 맞게 나누는 분수의 분자 구하기

04 ❶$\frac{5}{6} \div \frac{\blacktriangle}{12}$의 계산 결과는 자연수입니다. / ❷$\blacktriangle$에 알맞은

수를 모두 구하시오. $\left(\text{단, } \frac{\blacktriangle}{12} \text{는 기약분수입니다.}\right)$

(   )

❶ $\frac{\bigcirc}{\square}$이 자연수가 되려면 $\square$ 안에 $\bigcirc$의 약수

가 들어가면 됩니다.

❷ 기약분수는 분모와 분자의 공약수가 1뿐인
분수입니다.

사다리꼴의 높이 구하기

05 ❶윗변의 길이가 $1\frac{1}{5}$ m이고 아랫변의 길이가 $2\frac{3}{10}$ m인

사다리꼴 모양의 텃밭이 있습니다. 이 텃밭의 넓이가

$3\frac{3}{10}$ m²일 때 / ❷높이는 몇 m입니까?

(   )

❶ (사다리꼴의 넓이)
　=(윗변의 길이+아랫변의 길이)×(높이)
　　÷2

❷ ❶의 식을 세워 높이를 계산합니다.

페인트를 칠한 벽의 넓이 구하기

06 ❶밑변의 길이가 8 m, 높이가 $1\frac{3}{4}$ m인 평행사변형 모양

의 벽을 / ❷칠하는 데 $2\frac{1}{4}$ L의 페인트를 사용했습니다.

1 L의 페인트로 몇 m²의 벽을 칠한 셈입니까?

(   )

❶ (평행사변형의 넓이)
　=(밑변의 길이)×(높이)

❷ (1 L의 페인트로 칠한 벽의 넓이)
　=(페인트를 칠한 전체 벽의 넓이)
　　÷(사용한 전체 페인트의 양)

1

분수의 나눗셈

07 □ 안에 들어갈 수 있는 자연수를 모두 구하시오.

$$5 < \frac{9}{4} \div \frac{3}{\square} < 7$$

(,   )

거꾸로 계산하여 처음 수 구하기

08 ㉠에 알맞은 수를 구하시오.

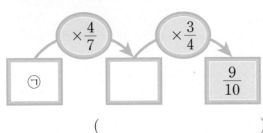

(   )

09 떨어진 높이의 $\frac{3}{4}$ 만큼씩 튀어 오르는 공이 있습니다. 이 공을 떨어뜨려 두 번째로 튀어 오른 높이가 81 cm라면 처음 공을 떨어뜨린 높이는 몇 cm입니까?

(   )

10 기호 ●에 대하여 '가●나＝가÷(가－나)'라고 약속할 때 다음을 계산하시오.

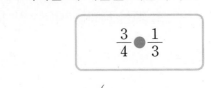

(   )

11 어느 피아노 공장에서 피아노 한 대를 만드는데 1시간 20분이 걸립니다. 이 피아노 공장에서 하루에 5시간씩 일주일 동안 피아노를 만든다면 몇 대까지 만들 수 있습니까?

(   )

바르게 계산한 값 구하기

12 어떤 수를 $\frac{4}{5}$ 로 나누어야 할 것을 잘못하여 $\frac{4}{5}$ 를 곱하였더니 $\frac{8}{9}$ 이 되었습니다. 바르게 계산한 값을 구하시오.

(   )

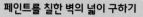

QR 코드를 찍어 **유사 문제**를 보세요.

1

분수의 나눗셈

조건에 맞게 나누는 분수의 분자 구하기

13 $\frac{4}{5} \div \frac{\bigstar}{25}$ 의 계산 결과는 자연수입니다. ★에 알맞은 수를 모두 구하시오. $\left(\text{단, } \frac{\bigstar}{25} \text{은 기약분수입니다.}\right)$

( )

14 길이가 22 m인 기차가 길이가 $90\frac{1}{2}$ m인 터널을 완전히 통과하는 데 $2\frac{1}{4}$ 초가 걸렸습니다. 이 기차가 같은 빠르기로 1초 동안 갈 수 있는 거리는 몇 m입니까?

( )

사다리꼴의 높이 구하기

15 윗변의 길이가 $1\frac{5}{6}$ m이고 아랫변의 길이가 $2\frac{1}{3}$ m인 사다리꼴 모양의 텃밭이 있습니다. 이 텃밭의 넓이가 $3\frac{3}{4}$ m²일 때 높이는 몇 m입니까?

( )

페인트를 칠한 벽의 넓이 구하기

16 가로가 10 m, 세로가 $2\frac{1}{5}$ m인 직사각형 모양의 벽을 칠하는 데 $4\frac{1}{2}$ L의 페인트를 사용했습니다. 1 L의 페인트로 몇 m²의 벽을 칠한 셈입니까?

( )

17 길이가 $8\frac{7}{9}$ cm인 양초에 불을 붙인 다음 $1\frac{1}{4}$ 시간이 지난 후에 타고 남은 양초의 길이를 재었더니 $2\frac{5}{18}$ cm였습니다. 이 양초는 1시간 동안 몇 cm만큼 탄 셈입니까?

( )

18 들이가 $10\frac{2}{3}$ L인 물통에 물이 $\frac{3}{8}$ 만큼 들어 있습니다. 이 물통에 물을 가득 채우려면 들이가 $\frac{5}{7}$ L인 물병으로 적어도 몇 번 부어야 합니까?

( )

코딩

1 순서도에 따라 계산했을 때 ▭에 계산한 몫을 써넣으시오.

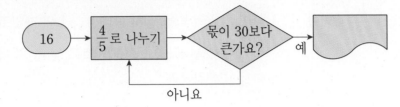

16 → $\frac{4}{5}$ 로 나누기 → 몫이 30보다 큰가요? → 예 → ▭

아니요

16을 $\frac{4}{5}$ 로 여러 번 나누어서 몫이 30보다 크면 답으로 씁니다.

코딩

2 다음은 격자 암호입니다. 격자 암호의 색칠한 부분과 위치가 일치하는 해독판의 글자만 위에서부터 차례로 쓰면 문장으로 해독할 수 있습니다. 다음 격자 암호를 해독한 문장을 쓰고 문장의 내용에 따라 계산하시오.

⟨격자 암호⟩

⟨해독판⟩

삼	과	이	와	칠
십	삼	분	팔	의
사	에	를	육	십
구	분	일	과	의
오	칠	로	나	을
곱	누	하	시	오

[해독한 문장] _____

(   )

문제 해결

3

안나와 원재는 각자 가지고 있는 3장의 수 카드를 한 번씩만 사용하여 대분수를 만들고 있습니다. 안나가 만든 대분수를 원재가 만든 대분수로 나누었을 때 몫이 가장 큰 경우의 값은 얼마입니까?

(　　　　　　　　)

창의 · 융합

4

지구의 반지름을 1이라고 보았을 때의 태양과 행성들의 반지름을 비교해 보면 다음과 같습니다. 금성의 반지름은 수성의 반지름의 ㉠배이고 토성의 반지름은 해왕성의 반지름의 ㉡배입니다. ㉠과 ㉡에 알맞은 수를 각각 구하시오.

태양	수성	금성	화성	목성	토성	천왕성	해왕성
109	$\frac{2}{5}$	$\frac{9}{10}$	$\frac{1}{2}$	$11\frac{1}{5}$	$9\frac{2}{5}$	4	$3\frac{9}{10}$

㉠ (　　　　　　　　)
㉡ (　　　　　　　　)

■가 ▲의 ●배임을 곱셈식으로 나타내면 ■＝▲×●입니다.

1

분수의 나눗셈

1

| HME 18번 문제 수준 |

다음을 만족하는 세 자연수 ㉠, ㉡, ㉢이 있습니다. ㉠÷㉢의 값을 구하시오.

$$\cdot ㉠ ÷ ㉡ = 3\frac{6}{7} \qquad \cdot ㉢ ÷ ㉡ = 2\frac{1}{4}$$

( )

◇ (자연수)÷(자연수)의 몫을 분수로 나타 낼 때에는 나누어지는 수는 분자에 쓰고 나누 는 수는 분모에 씁니다.

2

| HME 19번 문제 수준 |

어느 날 낮의 길이와 밤의 길이를 재어보았더니 낮의 길이가 밤의 길이의 $\frac{7}{9}$이었습니다. 이날의 낮의 길이는 몇 시간 몇 분입니까?

( )

3

| HME 20번 문제 수준 |

진주는 어제 동화책을 사서 전체의 $\frac{1}{3}$을 읽었고 오늘은 어제 읽고 남은 부분의 $\frac{1}{4}$을 읽었습니다. 지금 남은 쪽수가 60쪽이라면 동화책의 전체 쪽수는 몇 쪽입니까?

(   )

4

| HME 21번 문제 수준 |

길이가 다른 3개의 막대 ㉮, ㉯, ㉰를 물이 들어 있는 물통에 수직으로 끝까지 넣었더니 ㉯는 $\frac{4}{9}$만큼, ㉰는 $\frac{5}{6}$만큼 물에 잠겼습니다. (㉮의 길이)+(㉯의 길이)=190 cm, (㉮의 길이)+(㉰의 길이)=148 cm 라면 물통에 들어 있는 물의 높이는 몇 cm입니까? (단, 물통의 바닥은 평평하고 막대의 부피는 생각하지 않습니다.)

(   )

◇ 3개의 막대 ㉮, ㉯, ㉰가 물에 잠긴 부분의 길이는 모두 같습니다.

1

분수의 나눗셈

분수와 관련된 재미있는 이야기

$\frac{4}{4}$는 왜 가분수일까?

왜 $\frac{4}{4}$와 같이 분자와 분모가 같은 분수를 진분수가 아니라 가분수라고 하는 걸까요?

예를 들어 피자 한 판을 4로 똑같이 나누었다고 생각해 봐요.

그중 $\frac{1}{4}$씩 다섯 번을 먹으면 $\frac{5}{4}$를 먹는 셈이 돼요.

그런데 피자는 $\frac{1}{4}$씩 네 조각 뿐인데 $\frac{5}{4}$, 즉 다섯 조각을 먹었다는 것은 말이 안 되죠?

피자 한 판은 처음부터 네 조각으로 밖에 나누어지지 않았으니까요.

이런 상황은 현실에서는 불가능하기 때문에 $\frac{5}{4}$, $\frac{6}{5}$, $\frac{7}{4}$ 등과 같은 분수를 '가짜 분수', 즉 가분수라고 하는 거예요.

그럼 피자를 네 조각으로 똑같이 나누어 그중 네 조각을 먹으면 $\frac{4}{4}$를 먹는 셈이고 이것은 현실에서도 가능한 상황인데 왜 $\frac{4}{4}$를 가분수라고 할까요?

$\frac{4}{4}$와 같이 분자와 분모가 같은 분수는 분자, 분모라는 두 수로 이루어져 있어 분수처럼 보이지만 그 비율을 따져 보면 자연수 1과 같아요.

우리가 '피자 네 조각 중에서 네 조각을 먹었다.'라고 말하지 않고 '피자 한 판을 먹었다.'라고 말하는 것과 같은 이치랍니다.

즉, 분자와 분모가 같은 분수는 분수인 척 위장하고 있지만 사실은 자연수 1과 같기 때문에 가분수라고 하는 거예요.

2

소수의 나눗셈

유형 01 수 카드로 나눗셈식 만들기

• 2 , 3 , 4 로 나눗셈식 만들기

$$\boxed{}.\boxed{}\boxed{}\div 0.9$$

몫이 가장 큰 나눗셈식	몫이 가장 작은 나눗셈식
4 . 3 2 ÷0.9 → 나누어지는 수가 가장 커야 하므로 □ 수부터 차례로 씁니다.	2 . 3 4 ÷0.9 → 나누어지는 수가 가장 작아야 하므로 □ 수부터 차례로 씁니다.

01 6 , 2 , 9 3장의 수 카드를 한 번씩 모두 사용하여 다음 나눗셈식을 만들려고 합니다. 몫이 가장 클 때의 몫은 얼마입니까?

$$\boxed{}.\boxed{}\boxed{}\div 2.6$$

(   )

02 4 , 6 , 8 3장의 수 카드를 한 번씩 모두 사용하여 다음 나눗셈식을 만들려고 합니다. 몫이 가장 작을 때의 몫은 얼마입니까?

$$\boxed{}.\boxed{}\boxed{}\div 0.4$$

(   )

유형 02 필요한 기둥 수 구하기

• 원 모양의 둘레에 기둥을 세울 때
  (기둥 사이의 간격 수)
  =(원의 □)÷(기둥 사이의 간격)
  (필요한 기둥 수)=(기둥 사이의 간격 수)
• 직선 도로에 처음부터 끝까지 기둥을 세울 때
  (기둥 사이의 간격 수)
  =(도로의 길이)÷(기둥 사이의 간격)
  (필요한 기둥 수)=(기둥 사이의 간격 수)+□

03 둘레가 100 m인 원 모양의 울타리에 1.25 m 간격으로 기둥을 세우려고 합니다. 필요한 기둥은 몇 개입니까? (단, 기둥의 두께는 생각하지 않습니다.)

(   )

04 길이가 270 m인 도로의 한쪽에 10.8 m 간격으로 도로의 처음부터 끝까지 가로등을 세우려고 합니다. 필요한 가로등은 몇 개입니까? (단, 가로등의 두께는 생각하지 않습니다.)

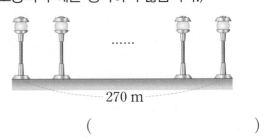

270 m

(   )

QR 코드를 찍어 **동영상 특강**을 보세요.

유형 03 시간을 소수로 고쳐 계산하기

$$60초=1분 \rightarrow 1초=\frac{1}{60}분$$

$$\rightarrow \blacksquare초=\frac{\blacksquare}{60}분$$

$$=(\blacksquare \div 60)분$$

• 6초=(6÷60)분=0.1분

• 2분 12초=2분+(12÷ ☐)분

　　　　　=2분+ ☐ 분= ☐ 분

05 진영이는 자동차를 타고 2.8 km를 가는 데 5분 18초가 걸렸습니다. 진영이가 1 km를 가는 데 몇 분이 걸린 셈인지 반올림하여 소수 첫째 자리까지 나타내시오.

(　　　　　　　　)

06 민수는 자전거를 타고 집에서 3.7 km 떨어진 공원까지 가는 데 15분 42초가 걸렸습니다. 민수가 1 km를 가는 데 몇 분이 걸린 셈인지 반올림하여 소수 둘째 자리까지 나타내시오.

(　　　　　　　　)

07 지원이는 버스를 타고 43.4 km를 가는 데 35분 54초가 걸렸습니다. 지원이가 1분 동안 몇 km를 간 셈인지 반올림하여 소수 둘째 자리까지 나타내시오.

(　　　　　　　　)

유형 04 새 교과서에 나온 활동 유형

08 현우네 집에서 한 달 동안 나온 음식물 쓰레기 양을 조사하여 나타낸 그래프입니다. 남은 음식의 쓰레기양은 과일 껍질의 쓰레기양의 몇 배입니까?

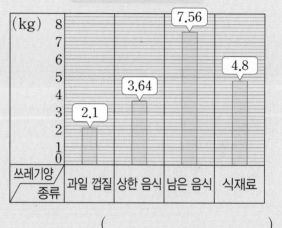

종류별 음식물 쓰레기양

(　　　　　　　　)

09 귤 한 상자를 사려고 합니다. 1 kg당 가격이 가장 저렴한 가게는 어느 가게입니까?

가게	가	나	다
상자당 귤의 무게(kg)	19.7	7.3	12.2
상자당 가격(만 원)	2.8	1.2	1.9

(　　　　　　　　)

다르지만 같은 유형

유형 01 조건을 만족하는 자연수 구하기

01 ☐ 안에 들어갈 수 있는 자연수를 모두 쓰시오.

$$\boxed{} < 11.75 \div 2.5$$

( )

02 ☐ 안에 들어갈 수 있는 자연수 중 가장 작은 수를 구하시오.

$$13.72 \div 0.7 < \boxed{}$$

( )

03 ㉠과 ㉡ 사이에 있는 자연수 중 가장 큰 수를 구하시오.

$$㉠ \ 11.76 \div 0.7 \qquad ㉡ \ 25.3 \div 1.1$$

( )

유형 02 도형의 둘레와 넓이 활용

04 길이가 1.62 m인 철사를 모두 사용하여 한 변의 길이가 0.18 m인 정다각형을 한 개 만들었습니다. 만든 정다각형의 이름은 무엇입니까?

( )

05 두 직사각형의 넓이는 같습니다. ☐ 안에 알맞은 수를 써넣으시오.

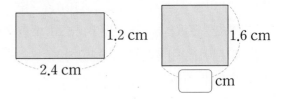

06 삼각형 ㄱㄴㄷ의 둘레는 74.8 cm이고, 넓이는 224.4 cm²입니다. 변 ㄱㄴ의 길이는 몇 cm인지 풀이 과정을 쓰고 답을 구하시오.

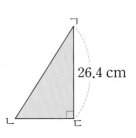

[풀이]

[답]

유형 03 바르게 계산한 값 구하기

07 어떤 수를 3.2로 나누어야 할 것을 잘못하여 3.2를 더하였더니 12.48이 되었습니다. 바르게 계산한 값을 구하시오.

(   )

08 어떤 수를 5.4로 나누어야 할 것을 잘못하여 7.8로 나누었더니 2.7이 되었습니다. 바르게 계산한 값을 구하시오.

(   )

서술형
09 어떤 수를 1.6으로 나누어야 할 것을 잘못하여 1.25를 곱하였더니 47이 되었습니다. 바르게 계산한 값은 얼마인지 풀이 과정을 쓰고 답을 구하시오.

[풀이]

_____

_____

_____

[답]

유형 04 몇 배인지 알아보기

10 집에서 박물관까지의 거리는 집에서 학교까지의 거리의 몇 배입니까?

집
8.04 km
2.68 km
학교
박물관

(   )

11 길이가 4.2 cm인 용수철에 추를 매달았더니 용수철이 13.86 cm 더 늘어났습니다. 늘어난 후의 용수철의 길이는 처음 용수철의 길이의 몇 배입니까?

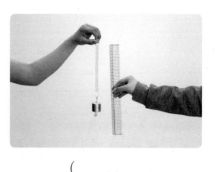

(   )

12 가로가 8.4 cm이고 세로는 가로보다 3.9 cm 짧은 직사각형이 있습니다. 이 직사각형의 가로는 세로의 몇 배인지 반올림하여 소수 첫째 자리까지 나타내시오.

(   )

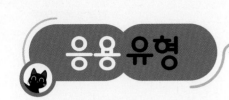

약속에 따라 계산하기

01 ➊기호 ▲에 대하여 '가▲나=(가+나)÷나'라고 약속할 때 / ➋다음을 계산하시오.

➊(21.6▲0.3)

(   )

➊ 약속에 따라 식을 씁니다.
➋ ➊에서 쓴 식을 계산합니다.

직사각형의 둘레 구하기

02 ➊넓이가 7.98 cm²인 직사각형입니다. / ➋이 직사각형의 둘레는 몇 cm입니까?

2.1 cm

(   )

➊ (직사각형의 넓이)=(가로)×(세로)
➋ (직사각형의 둘레)=((가로)+(세로))×2

양초를 태운 시간 구하기

03 ➊길이가 20 cm인 양초가 있습니다. / ➋이 양초에 불을 붙이면 1분에 0.2 cm씩 탄다고 합니다. / ➊이 양초를 6.8 cm가 남을 때까지 태웠다면 / ➌양초를 태운 시간은 몇 시간 몇 분입니까?

(   )

➊ (탄 양초의 길이)
　=(처음 양초의 길이)−(남은 양초의 길이)
➋ (양초를 태우는 데 걸린 시간)
　=(탄 양초의 길이)
　÷(1분에 타는 양초의 길이)
➌ 1시간=60분

길 양쪽에 세우는 말뚝 수 구하기

04 ❶길이가 60 m인 길 양쪽에 0.75 m 간격으로 길의 처음부터 끝까지 말뚝을 세우려고 합니다. / ❷필요한 말뚝은 모두 몇 개입니까? (단, 말뚝의 두께는 생각하지 않습니다.)

(　　　　　　　)

❶ (길 한쪽에 세우는 말뚝 수)
　＝(말뚝 사이의 간격 수)＋1
❷ (길 양쪽에 세우는 말뚝 수)
　＝(길 한쪽에 세우는 말뚝 수)×2

목적지까지 가는 데 드는 기름값 구하기

05 ❶휘발유 1 L로 8.6 km를 달릴 수 있는 승용차가 있습니다. 선우는 이 승용차를 타고 집에서 60.2 km 떨어진 할머니 댁을 / ❷다녀오려고 합니다. / ❸휘발유 1 L의 값이 1640원이라면 집에서 출발하여 할머니 댁을 다녀오는 데 드는 휘발유값은 얼마입니까?

(　　　　　　　)

❶ (할머니 댁을 가는 데 드는 휘발유 양)
　＝(할머니 댁까지의 거리)
　　÷(휘발유 1 L로 갈 수 있는 거리)
❷ (할머니 댁을 다녀오는 데 드는 휘발유 양)
　＝(가는 데 드는 휘발유 양)×2
❸ (할머니 댁을 다녀오는 데 드는 휘발유값)
　＝(휘발유 1 L의 값)×(휘발유 양)

두 사람 사이의 거리 구하기

06 ❶8.25 km를 가는 데 지원이는 2시간 30분이 걸리고, 은미는 1시간 30분이 걸립니다. / ❷두 사람이 각각 같은 빠르기로 같은 지점에서 동시에 출발하여 반대 방향으로 2시간 동안 간다면 / ❸두 사람 사이의 거리는 몇 km가 되겠습니까?

(　　　　　　　)

❶ (1시간 동안 가는 거리)
　＝(전체 거리)÷(걸린 시간)
❷ 같은 지점에서 반대 방향으로 출발하면 시간이 지날수록 두 사람 사이의 거리는 멀어집니다.
❸ 두 사람 사이의 거리는 지원이와 은미가 2시간 동안 간 거리의 합과 같습니다.

약속에 따라 계산하기

07

기호 ★에 대하여 '가★나=(가-나)÷나'라고 약속할 때 다음을 계산하시오.

$$1.26 ★ 0.18$$

( )

08

밑변의 길이가 6.84 cm이고 넓이가 41.04 cm²인 삼각형이 있습니다. 이 삼각형의 밑변의 길이와 높이의 차는 몇 cm입니까?

( )

직사각형의 둘레 구하기

09

넓이가 13.77 cm²인 직사각형입니다. 이 직사각형의 둘레는 몇 cm입니까?

2.7 cm

( )

10

㉠과 ㉡ 사이에 있는 소수 한 자리 수 중 가장 작은 수를 구하시오.

㉠ 4.48÷1.4   ㉡ 2.59÷0.7

( )

양초를 태운 시간 구하기

11

길이가 25 cm인 양초가 있습니다. 이 양초에 불을 붙이면 1분에 0.25 cm씩 탄다고 합니다. 이 양초를 6.25 cm가 남을 때까지 태웠다면 양초를 태운 시간은 몇 시간 몇 분입니까?

( )

12

오른쪽 페인트 9통을 남김없이 사용하여 976.5 m²의 벽을 칠했습니다. 페인트 1 L로 칠한 벽의 넓이는 몇 m²인 셈입니까?

페인트
3.5 L

( )

QR 코드를 찍어 **유사 문제**를 보세요.

길 양쪽에 세우는 말뚝 수 구하기

13 길이가 81 m인 길 양쪽에 2.25 m 간격으로 길의 처음부터 끝까지 말뚝을 세우려고 합니다. 필요한 말뚝은 모두 몇 개입니까? (단, 말뚝의 두께는 생각하지 않습니다.)

( )

14 길이가 30 m인 철사를 1.25 m씩 모두 자르려고 합니다. 몇 번을 자르면 됩니까? (단, 겹쳐서 자르는 것은 생각하지 않습니다.)

( )

목적지까지 가는 데 드는 기름값 구하기

15 경유 1 L로 10.8 km를 달릴 수 있는 승합차가 있습니다. 예은이는 이 승합차를 타고 집에서 86.4 km 떨어진 낚시터를 다녀오려고 합니다. 경유 1 L의 값이 1870원이라면 집에서 출발하여 낚시터를 다녀오는 데 드는 경유값은 얼마입니까?

( )

16 승철이는 하프마라톤 대회에 참가하여 9.5 km를 달리는 데 1시간 30분이 걸렸습니다. 승철이가 1시간 동안 몇 km를 달린 셈인지 반올림하여 소수 첫째 자리까지 나타내시오.

( )

17 어떤 수를 3.6으로 나누어야 할 것을 잘못하여 36으로 나누었더니 몫이 5, 나머지가 0.3이었습니다. 바르게 계산했을 때의 몫을 반올림하여 소수 둘째 자리까지 나타내시오.

( )

두 사람 사이의 거리 구하기

18 7.02 km를 가는 데 민정이는 1시간 48분이 걸리고, 영지는 2시간 36분이 걸립니다. 두 사람이 각각 같은 빠르기로 같은 지점에서 동시에 출발하여 반대 방향으로 3시간 동안 간다면 두 사람 사이의 거리는 몇 km가 되겠습니까?

( )

소수의 나눗셈

1 저울이 수평이 되기 위해 놓아야 하는 추의 개수를 ⬡ 안에 써넣으시오.

동영상

① 23.4   0.9 × ⬡

② 29.26   1.54 × ⬡

2 지훈이의 간이 육상 경기 종목별 이동 거리와 걸린 시간을 나타낸 표입니다. 1분 동안 이동한 거리가 가장 긴 종목은 무엇입니까?

동영상

종목	앞발 이어 걷기	뒤로 걷기	오리걸음으로 걷기
이동 거리(m)	49.6	81	176.25
걸린 시간(분)	6.2	5.4	12.5

(   )

(1분 동안 이동한 거리)
=(이동 거리)÷(걸린 시간)

2
소수의 나눗셈

코딩

3 시작에 38.3을 넣고 실행했을 때 끝에 나오는 수를 구하시오.

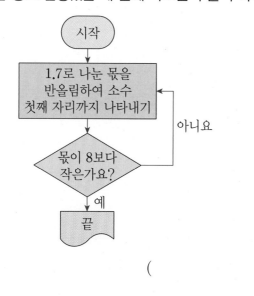

(   )

문제 해결

4 두 원이 나타내는 수의 곱을 두 원이 겹치는 부분에 써놓았습니다. ㉠과 ㉡의 차를 구하시오.

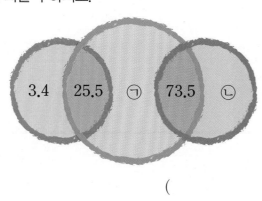

(   )

주황색 원이 나타내는 수와 초록색 원이 나타내는 수의 곱은 25.5이므로 ㉠을 먼저 구합니다.

1

| HME 18번 문제 수준 |

길이가 2.8 km인 도로 양쪽에 일정한 간격으로 나무 18그루를 심으려고 합니다. 시작 지점과 끝 지점에도 각각 나무를 심는다면 나무 사이 간격을 몇 km로 해야 합니까?

(   )

◇ (도로 양쪽에 심는 나무의 수)

= (도로 한쪽에 심는 나무의 수)×2

2

| HME 19번 문제 수준 |

자연수 ㉠, ㉡이 각각 다음 조건을 만족할 때 ㉠÷㉡=㉢을 구하려고 합니다. ㉢이 될 수 있는 수 중에서 가장 큰 수와 가장 작은 수의 차를 구하시오.

조건

51.1< ㉠ <62.8   24.7< ㉡ <41

(   )

3

| HME 20번 문제 수준 |

정민이는 쌀 35.26 kg을 한 봉지에 4.7 kg씩 나누어 담았습니다. 쌀을 담은 봉지를 몇 명에게 한 봉지씩 나누어 주고 남은 쌀의 양을 소수로 나타내어 각 자리의 숫자를 모두 더했더니 17이었습니다. 정민이는 쌀을 담은 봉지를 몇 명에게 나누어 주었습니까?

(　　　　　　　　　　　)

4

| HME 21번 문제 수준 |

사다리꼴 ㄱㄴㄷㄹ의 넓이는 24.48 cm²이고 선분 ㄴㅁ과 선분 ㅁㄹ의 길이가 같습니다. 삼각형 ㄱㄷㅁ의 넓이는 몇 cm²입니까?

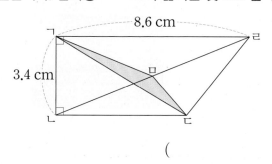

8.6 cm

3.4 cm

(　　　　　　　　　　　)

◇ (삼각형 ㄱㄷㅁ의 넓이)

= (사각형 ㄱㄴㄷㅁ의 넓이)

－ (삼각형 ㄱㄴㄷ의 넓이)

2

소수의 나눗셈

옛날에도 계산기가 있었을까?

인류 역사상 최초로 사용된 계산기는 바로 손가락, 발가락이에요.
계산이 복잡해지자 사람들은 계산기를 만들기 시작했지요.
지금부터 어떤 계산기들이 있었는지 살펴볼까요?

가장 오랫동안 쓰인 계산기, 주판!

주판은 기원전 3천년경에 메소포타미아에서부터 쓰기
시작했대요. 이후 기원전 600년경 그리스와 로마에서
쓰이다가 기원전 500년경에서야 중국에서 쓰였지요.
주판은 편리함과 정확성 때문에 아직까지도 쓰인답
니다.

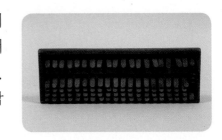

파스칼의 계산기

파스칼은 '인간은 생각하는 갈대다.'라는 명언으로 유
명하죠.
파스칼은 수학에서 많은 업적을 남겼는데, 1642년에
계산기도 만들었어요. 이 계산기에는 0에서부터 9까지
표시할 수 있는 10개의 톱니를 가진 톱니바퀴가 여러
개 있어서 이들을 이용해 계산할 수 있었답니다.

최초의 기계식 계산기를 발명한 빌헬름 시카드

독일의 빌헬름 시카드가 1623년 최초로 기계식 계산
기를 만들었어요. 이 계산기는 톱니나 피스톤과 같은
기계 부품으로 구성됐는데 이를 사람이나 태엽의 힘으
로 돌리면서 계산을 할 수 있었죠. 하지만 구조가 복잡
하고 고장이 잦아서 관리가 어려웠대요.

3

공간과 입체

유형 01 보이지 않는 쌓기나무의 개수 구하기

☆표 한 자리에 쌓인 쌓기나무의 개수 구하기

위에서 본 모양

① ☆표 한 자리를 제외한 나머지 자리에 쌓인 쌓기나무의 개수를 구합니다.

② 전체 쌓기나무의 개수에서 ①에서 구한 쌓기나무의 개수를 □니다.

[01~02] 쌓기나무 20개로 쌓은 모양입니다. ☆표 한 자리에 쌓인 쌓기나무는 몇 개입니까?

01

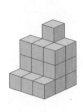 

위에서 본 모양

( )

02

위에서 본 모양

( )

유형 02 여러 방향에서 본 모양 알아보기

① 각 방향에서 보았을 때 가장 앞에 보이는 부분이 몇 층인지 알아봅니다.

② ①의 층수를 이용하여 모양을 찾습니다.

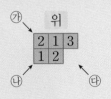

㉮: 가장 앞에 □층이 보입니다.

㉯: 가장 앞에 □층이 보입니다.

㉰: 가장 앞에 쌓기나무가 없습니다.

03 위에서 본 모양에 수를 쓴 것을 보고 쌓은 쌓기나무 모양을 ㉮, ㉯, ㉰에서 본 모양을 각각 찾아서 ( ) 안에 알맞은 기호를 써넣으시오.

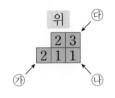

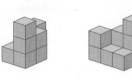

( ) ( ) ( )

04 쌓기나무로 쌓은 모양을 보고 위에서 본 모양에 수를 쓴 것입니다. 오른쪽 모양은 쌓기나무를 어느 방향에서 바라본 것인지 기호를 쓰시오.

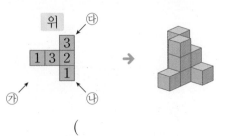

( )

유형 **03** 가장 작은 직육면체 만들기

주어진 모양에 쌓기나무를 더 쌓아 가장 작은 직육면체를 만들려고 할 때 더 필요한 쌓기나무의 개수 구하기

① 주어진 모양의 쌓기나무의 개수를 구합니다.
② 가장 작은 직육면체를 만드는 데 필요한 쌓기나무의 개수를 구합니다.
③ ①과 ②에서 구한 쌓기나무의 개수의 ◻를 구합니다.

05 다음 모양에 쌓기나무를 더 쌓아 가장 작은 직육면체 모양을 만들려고 합니다. 더 필요한 쌓기나무는 몇 개입니까?

위에서 본 모양

( )

06 다음 모양에 쌓기나무를 더 쌓아 가장 작은 직육면체 모양을 만들려고 합니다. 더 필요한 쌓기나무는 몇 개입니까?

위에서 본 모양

( )

유형 **04** 새 교과서에 나온 활동 유형

[07~09] 진주가 쌓기나무로 가장 작은 모양의 건물을 만들었습니다. 물음에 답하시오.

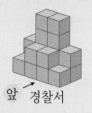

앞 경찰서

앞 기차역

앞 도서관

07 쌓기나무 10개로 만든 기차역을 위, 앞, 옆에서 본 모양을 각각 찾아 ( ) 안에 위, 앞, 옆을 알맞게 써넣으시오.

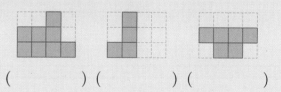

( ) ( ) ( )

08 쌓기나무로 만든 기차역을 층별로 나타내시오.

1층	2층	3층

앞 앞 앞

09 위에서 본 모양에 수를 쓴 것입니다. 어떤 건물을 나타낸 것인지 이름을 쓰시오.

(1) 위
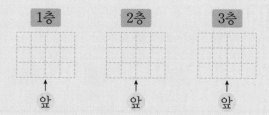

(2) 위

2	3	3	2
2	1	1	2

2	4	4	2
1	2	2	1

( ) ( )

다르지만 같은 유형

유형 01 층별로 나타낸 모양 활용

01 쌓기나무로 쌓은 3층짜리 모양을 층별로 나타낸 것입니다. 1층, 2층, 3층의 모양으로 알맞은 것을 각각 찾아 기호를 쓰시오.

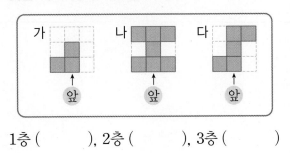

1층 (   ), 2층 (   ), 3층 (   )

02 층별로 쌓은 모양입니다. 앞에서 본 모양을 그리시오.

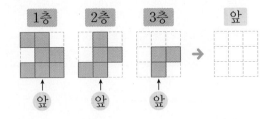

03 쌓기나무를 층별로 쌓은 모양을 보고 쌓은 모양을 찾아 기호를 쓰시오.

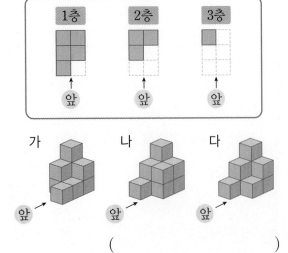

(   )

유형 02 조건에 맞게 쌓기

04 쌓기나무 6개로 앞에서 본 모양과 옆에서 본 모양이 서로 같도록 쌓았습니다. 위에서 본 모양에 수를 쓰는 방법으로 나타내시오.

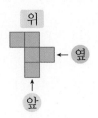

05 쌓기나무를 8개씩 사용하여 조건에 맞게 쌓았을 때 위에서 본 모양에 수를 쓰는 방법으로 나타내시오.

╭조건╮
• 가와 나의 쌓은 모양은 서로 다릅니다.
• 앞에서 본 모양이 서로 같습니다.
• 옆에서 본 모양이 서로 같습니다.

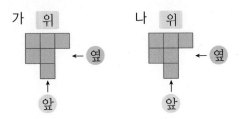

06 쌓기나무 7개로 조건을 만족하는 모양을 쌓았습니다. 이 모양을 위에서 본 모양을 그리고 각 자리에 쌓인 쌓기나무의 개수를 써넣으시오.

╭조건╮
• 1층에는 쌓기나무가 5개입니다.
• 앞에서 본 모양과 옆에서 본 모양이 서로 같습니다.
• 3층짜리 모양입니다.

위

QR 코드를 찍어 **동영상 특강**을 보세요.

유형 03 필요한 쌓기나무의 개수 구하기

07 주어진 모양과 똑같이 쌓는 데 필요한 쌓기나무의 개수는 몇 개입니까?

위에서 본 모양

( )

08 쌓기나무로 쌓은 모양을 층별로 나타낸 모양입니다. 똑같은 모양으로 쌓는 데 필요한 쌓기나무는 몇 개입니까?

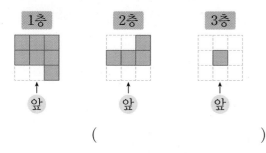

1층   2층   3층

↑앞   ↑앞   ↑앞

( )

09 쌓기나무로 쌓은 모양을 위, 앞, 옆에서 본 모양입니다. 표의 빈칸에 알맞은 수를 써넣고 똑같은 모양으로 쌓는 데 필요한 쌓기나무의 개수를 구하시오.

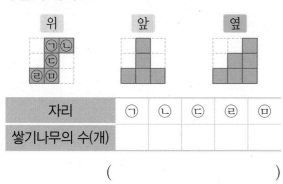

위   앞   옆

자리	㉠	㉡	㉢	㉣	㉤
쌓기나무의 수(개)					

( )

유형 04 방향에 따라 모양이 같아지는 모양 찾기

10 쌓기나무를 오른쪽과 같은 모양으로 쌓았습니다. 돌렸을 때 오른쪽 그림과 같은 모양을 만들 수 있는 모양에 모두 ◯표 하시오.

    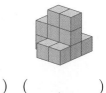

( )   ( )   ( )

11 위에서 본 모양에 수를 쓰는 방법으로 나타낸 것입니다. 옆에서 본 모양이 나머지와 <u>다른</u> 하나를 찾아 기호를 쓰시오.

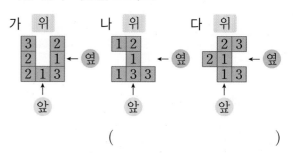

가   위   나   위   다   위

| 3 | 2 | | 1 | 2 | | 2 | 3 |
| 2 | 1 | 3 옆← | 1 | 옆← | 2 | 1 | 옆←
| 2 | 1 | 3 | | 1 | 3 | 3 | | 1 | 3 |

↑앞   ↑앞   ↑앞

( )

12 위, 앞, 옆에서 본 모양이 모두 변하지 않도록 쌓기나무 1개를 빼내려고 합니다. 빼낼 수 있는 쌓기나무를 찾아 기호를 쓰시오.

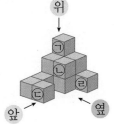

위↓

㉠
㉡
㉢   ㉣
앞↗   옆↘

( )

3

공간과 입체

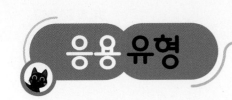

규칙을 찾아 여러 가지 모양 만들기

01 ❶쌓기나무로 쌓은 모양을 보고 위에서 본 모양에 수를 썼습니다. / ❷다음과 같은 규칙으로 쌓기나무가 쌓여 있다면 / ❸네 번째에 올 모양을 만들려면 쌓기나무는 몇 개 필요합니까?

위   위   위

1 → 1 2 → 1 2 3 → …

(   )

❶ 각 자리에 있는 수는 각 자리에 쌓인 쌓기나무의 개수입니다.
❷ 규칙을 알아봅니다.
❸ 네 번째에 올 그림을 이용하여 쌓기나무의 개수를 구합니다.

쌓기나무를 가장 많이 사용한 경우

02 ❶쌓기나무로 쌓은 모양을 위, 앞, 옆에서 본 모양입니다. / ❷쌓기나무를 가장 많이 사용했을 때의 쌓기나무의 개수를 구하시오.

위   앞   옆

(   )

❶ 위에서 본 모양의 각 자리에 쌓은 쌓기나무의 개수를 알아봅니다.
❷ 위에서 본 모양의 각 자리에 가장 많이 쌓을 수 있는 경우를 알아봅니다.

위에서 본 모양의 넓이 구하기

03 ❶다음과 같은 규칙으로 쌓기나무를 쌓고 있습니다. / ❷6층까지 쌓았을 때 위에서 본 모양의 넓이는 몇 cm²입니까? (단, 쌓기나무의 한 모서리의 길이는 3 cm이고 각 층은 쌓기나무를 가장 적게 사용했습니다.)

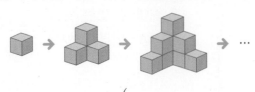

(   )

❶ 각 층마다 쌓인 쌓기나무의 규칙을 알아봅니다.
❷ 위에서 본 모양이 몇 칸으로 되어 있는지 알아본 다음 넓이를 구합니다.

보이는 쌓기나무의 개수 구하기

04 ❶쌓기나무로 쌓은 모양을 층별로 나타낸 모양입니다. / ❷앞과 옆에서 볼 때 각각 보이는 쌓기나무의 개수의 합을 구하시오.

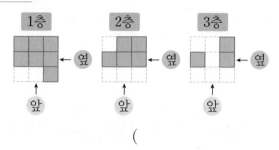

❶ 층별로 나타낸 모양을 보고 위에서 본 모양에 수를 쓰는 방법으로 나타냅니다.
❷ ❶의 모양을 이용하여 앞과 옆에서 보이는 쌓기나무의 개수를 각각 구하여 합을 계산합니다.

(   )

빼낸 쌓기나무의 개수 구하기

05 ❶쌓기나무를 가장 많이 사용하여 왼쪽 모양을 만들었습니다. / ❷오른쪽은 왼쪽 모양에서 쌓기나무를 몇 개 빼낸 모양을 보고 위에서 본 모양에 수를 쓴 것입니다. / ❸빼낸 쌓기나무는 몇 개입니까?

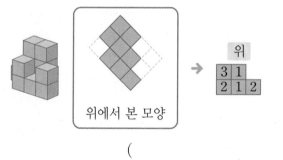

위에서 본 모양

❶ 쌓기나무를 빼내기 전에는 뒤에 보이지 않는 쌓기나무가 가장 많은 경우입니다.
❷ 쌓기나무를 빼낸 후 남은 쌓기나무의 개수를 구합니다.
❸ 빼낸 쌓기나무의 개수를 구합니다.

(   )

쌓을 수 있는 가짓수 구하기

06 ❶위, 앞, 옆에서 본 모양이 다음과 같도록 쌓기나무를 쌓으려고 합니다. / ❷모두 몇 가지로 쌓을 수 있습니까? (단, 돌리거나 뒤집었을 때 같은 모양인 것은 1가지로 생각합니다.)

❶ 앞과 옆에서 본 모양을 이용하여 위에서 본 모양의 각 자리에 쌓인 쌓기나무의 개수를 알아봅니다.
❷ 쌓기나무가 한 가지로 정해지지 않는 자리를 생각하여 몇 가지인지 구합니다.

 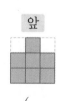

위   앞   옆

(   )

07 쌀기나무로 쌓은 모양을 위, 앞, 옆에서 본 모양입니다. 똑같은 모양으로 쌓는 데 필요한 쌀기나무의 개수를 구하시오.

 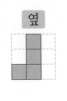

( )

규칙을 찾아 여러 가지 모양 계산하기

08 쌀기나무로 쌓은 모양을 보고 위에서 본 모양에 수를 썼습니다. 다음과 같은 규칙으로 쌀기나무가 쌓여 있다면 네 번째에 올 모양을 만들려면 쌀기나무는 몇 개 필요합니까?

( )

쌀기나무를 가장 많이 사용한 경우

09 쌀기나무로 쌓은 모양을 위, 앞, 옆에서 본 모양입니다. 쌀기나무를 가장 많이 사용했을 때의 쌀기나무의 개수를 구하시오.

  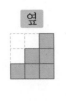

( )

10 보기 와 같이 컵을 놓았을 때 가능하지 <u>않은</u> 사진을 찾아 기호를 쓰시오.

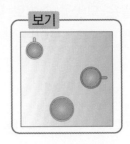 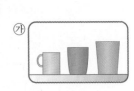

( )

위에서 본 모양의 넓이 구하기

11 다음과 같은 규칙으로 쌀기나무를 쌓고 있습니다. 8층까지 쌓았을 때 위에서 본 모양의 넓이는 몇 cm^2입니까? (단, 쌀기나무의 한 모서리의 길이는 2 cm이고 각 층은 모두 쌀기나무를 가장 적게 사용했습니다.)

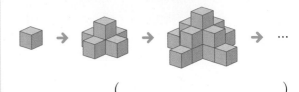

( )

12 쌀기나무 8개로 쌓은 모양을 위와 앞에서 본 모양입니다. 옆에서 본 모양을 그리시오.

 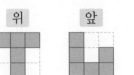

보이는 쌓기나무의 개수 구하기

13 쌓기나무로 쌓은 모양을 층별로 나타낸 모양입니다. 앞과 옆에서 볼 때 각각 보이는 쌓기나무의 개수의 합을 구하시오.

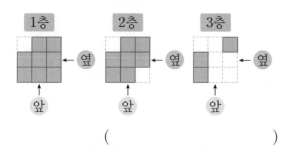

(   )

14 다음과 같이 쌓기나무 9개로 쌓은 모양의 ㉮, ㉯ 위에 쌓기나무를 1개씩 더 쌓았습니다. 이 모양의 앞에서 손전등을 비추었을 때 바로 뒤에서 생기는 그림자의 모양으로 알맞은 것을 찾아 기호를 쓰시오.

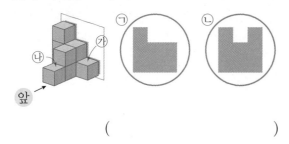

(   )

빼낸 쌓기나무의 개수 구하기

15 쌓기나무를 가장 많이 사용하여 왼쪽 모양을 만들었습니다. 오른쪽은 왼쪽 모양에서 쌓기나무를 몇 개 빼낸 모양을 보고 위에서 본 모양에 수를 쓴 것입니다. 빼낸 쌓기나무는 몇 개입니까?

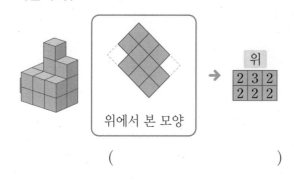

(   )

16 쌓기나무를 붙여서 만든 모양을 구멍이 있는 상자에 넣으려고 합니다. 모양을 넣을 수 있는 상자를 모두 찾아 기호를 쓰시오.

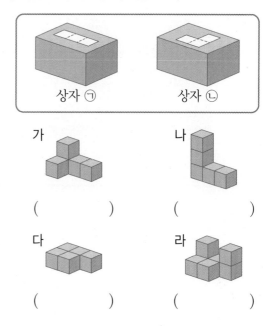

가   나

(   )   (   )

다   라

(   )   (   )

쌓을 수 있는 가짓수 구하기

17 위, 앞, 옆에서 본 모양이 다음과 같도록 쌓기나무를 쌓으려고 합니다. 모두 몇 가지로 쌓을 수 있습니까? (단, 돌리거나 뒤집었을 때 같은 모양인 것은 1가지로 생각합니다.)

(   )

1 주연이가 프랑스에 있는 루브르 박물관을 보고 쌓기나무로 쌓은 모양입니다. 모양을 쌓는 데 사용한 쌓기나무는 모두 몇 개입니까? (단, 각 층은 모두 정사각형 모양입니다.)

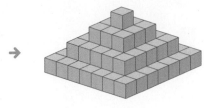

〈루브르 박물관〉

(   )

2 카레에 넣을 정육면체 모양의 당근 조각을 모두 쌓았더니 다음과 같았습니다. 카레에 넣을 당근은 모두 몇 g입니까? (단, 당근 조각 한 개의 무게는 4 g입니다.)

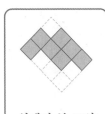

위에서 본 모양

(   )

(카레에 넣을 당근의 무게)
＝(당근 한 조각의 무게)
×(당근 조각의 수)

● 정답 및 풀이 58쪽

문제 해결

3

쌓기나무로 쌓은 모양을 보고 위에서 본 모양에 수를 쓴 것입니다. 이 모양을 ㉮ 방향에서 본 모양을 그리시오.

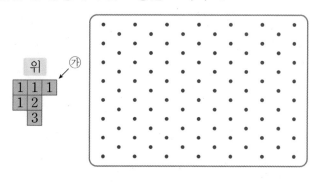

㉮ 방향에서 보면 가장 앞에 어떤 모양이 보이는지 찾아봅니다.

추론

4

쌓기나무를 각각 4개씩 붙여서 만든 가, 나, 다, 라 모양 중에서 3가지를 사용하여 새로운 모양을 만들었습니다. 사용한 3가지 모양을 찾아 기호를 쓰시오.

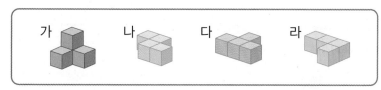

(1)

(　　　　　　　　　　)

(2)

(　　　　　　　　　　)

3

공간과 입체

1

| HME 17번 문제 수준 |

쌀기나무로 쌓은 모양을 보고 위에서 본 모양에 수를 썼습니다. 3층 이상에 쌓여 있는 쌀기나무는 모두 몇 개입니까?

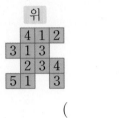

(   )

3층 이상으로 쌓은 곳은 쌓여 있는 쌀기나무의 수가 3보다 크거나 같습니다.

2

| HME 18번 문제 수준 |

위, 앞, 옆에서 본 모양이 다음과 같도록 쌀기나무를 쌓으려고 합니다. 쌀기나무를 가장 적게 사용했을 때 필요한 쌀기나무는 몇 개입니까?

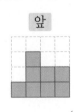 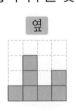

(   )

3

| HME 20번 문제 수준 |

조건에 맞게 쌓기나무를 쌓으려고 합니다. 쌓을 수 있는 모양은 모두 몇 가지입니까?

┌─ 조건 ─
• 13개의 쌓기나무를 모두 사용하여 만 듭니다.
• 3층짜리 모양입니다.
• 1층과 3층 모양은 오른쪽과 같습니다.

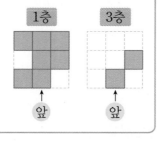

(   )

△ 3층인 자리에는 2층에도 쌓기나무가 놓여 있어야 합니다.

4

| HME 21번 문제 수준 |

쌓기나무로 64개를 모두 사용하여 오른쪽과 같이 정육면체 모양으로 쌓은 후 바닥을 포함한 모든 겉면에 물감으로 칠했습니다. 쌓기나무를 모두 떼어 보았을 때 물감이 두 면만 묻은 쌓기나무와 세 면만 묻은 쌓기나무의 개수의 차를 구하시오.

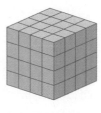

(   )

플라톤의 입체도형은 무엇일까?

그리스의 플라톤(기원전 427~기원전 347)은 철학자이자 유명한 수학자였어요. 플라톤은 기원전 387년 〈아카데미아〉라는 학문 기관을 세웠는데 그 정문에 이렇게 글을 새겼대요.
'기하학을 모르는 자, 이곳에 들어오지 말라!'
기하학은 도형에 대해 공부하는 학문이죠.
플라톤은 특히 기하학에 관심이 많았답니다.

너희 5종류의 정다면체만이 플라톤의 입체도형이란다~

정다면체는 5개뿐?

정다각형이란 정사각형, 정삼각형처럼 모든 변의 길이가 같고, 모든 각의 크기도 같은 평면도형이에요. 정다면체란 모든 면이 정다각형으로 이루어져 있고 각 꼭짓점에서 만나는 면의 개수가 같은 입체도형이에요. 우리가 흔히 볼 수 있는 정육면체가 대표적인 정다면체죠.
그런데 정다각형은 무수히 많은 반면 정다면체는 정사면체, 정육면체, 정팔면체, 정십이면체, 정이십면체, 이렇게 5가지밖에 없다는 사실, 알고 있나요? 고대 그리스인들은 2500여년 전부터 알고 있었던 사실이라네요.

너희들 각자에게 부여한 의미가 맘에 드느냐?

예~ 플라톤 할아버지~

불
흙
공기
물
우주
굳!

정사면체, 정육면체, 정팔면체, 정이십면체가 먼저 발견됐고, 한 면이 정오각형인 정십이면체는 오히려 한참 뒤에 발견됐답니다.
플라톤은 정십이면체까지 발견하고 100년 뒤에 등장했는데 정다면체의 종류가 5가지밖에 없다는 것을 증명했어요. 그래서 5가지 정다면체를 '플라톤의 입체도형'이라고 부른답니다.

4

비례식과 비례배분

학습 계획표

계획표대로 공부했으면 ○표, 못했으면 △표 하세요.

내용	쪽수	날짜		확인
잘 틀리는 실력 유형	48~49쪽	월	일	
다르지만 같은 유형	50~51쪽	월	일	
응용 유형	52~55쪽	월	일	
사고력 유형	56~57쪽	월	일	
최상위 유형	58~59쪽	월	일	

유형 01 비율이 주어졌을 때 비례식 완성하기

각 비의 비율이 $\frac{1}{2}$이 되도록 비례식 만들기

$$2 : ㉠ = 3 : ㉡$$

$\frac{2}{㉠} = \frac{1}{2}$이고 $\frac{1}{2} = \frac{2}{4}$이므로 ㉠=[ ]입니다.

$\frac{3}{㉡} = \frac{1}{2}$이고 $\frac{1}{2} = \frac{3}{6}$이므로 ㉡=[ ]입니다.

01 각 비의 비율이 $\frac{3}{4}$이 되도록 ㉠과 ㉡에 알맞은 수를 각각 구하시오.

$$9 : ㉠ = 12 : ㉡$$

㉠ (   ), ㉡ (   )

02 각 비의 비율이 $\frac{5}{6}$가 되도록 ㉠과 ㉡에 알맞은 수를 각각 구하시오.

$$㉠ : 36 = ㉡ : 48$$

㉠ (   ), ㉡ (   )

03 다음 조건에 맞게 비례식을 완성하시오.

┌ 조건 ┐
- 각 비의 비율은 $\frac{4}{5}$입니다.
- 내항의 곱은 200입니다.

$$8 : [\quad] = [\quad] : [\quad]$$

유형 02 길이의 비로 넓이의 비 구하기

세로가 같을 때 직사각형의 넓이의 비는 가로의 비와 같습니다.

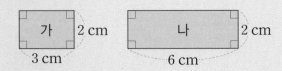

가   2 cm   나   2 cm
3 cm   6 cm

(가의 가로) : (나의 가로)

→ 3 : 6 → 1 : [ ]

(가의 넓이) : (나의 넓이)

→ (3×2) : (6×2) → 6 : 12 → 1 : [ ]

같습니다.

04 직사각형 가와 나의 넓이의 비를 간단한 자연수의 비로 나타내시오.

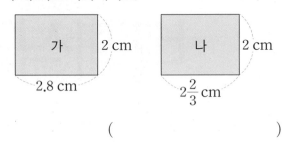

가   2 cm   나   2 cm
2.8 cm $2\frac{2}{3}$ cm

(   )

05 직사각형 가와 나의 넓이의 비를 간단한 자연수의 비로 나타내시오.

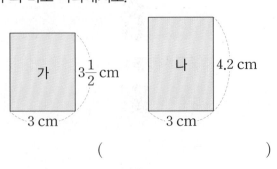

가 $3\frac{1}{2}$ cm   나   4.2 cm
3 cm   3 cm

(   )

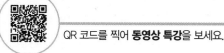

QR 코드를 찍어 **동영상 특강**을 보세요.

4

비례식과 비례배분

유형 **03** 비례배분한 양으로 전체 구하기

① 전체를 □라 하고 비례배분한 식을 씁니다.
② □의 값을 구합니다.

사탕을 경재와 민수가 3 : 4로 나누어 가졌더니 경재가 가진 사탕이 30개였습니다. 처음에 있던 사탕은 몇 개입니까?

① 처음에 있던 사탕 수를 ■개라 하면

경재: $■ × \dfrac{3}{3+4} = ■ × \dfrac{3}{7} =$ □ 이고,

② $■ = 30 ÷ \dfrac{3}{7} = 30 × \dfrac{7}{3} =$ □ 입니다.

06 어떤 수를 가 : 나 = 2 : 5로 비례배분했을 때 나가 25라면 어떤 수는 얼마입니까?

( )

07 구슬을 윤미와 기준이가 7 : 3으로 나누어 가졌더니 윤미가 가진 구슬이 21개였습니다. 처음에 있던 구슬은 몇 개입니까?

( )

08 색종이를 영주와 경서가 9 : 10으로 나누어 가졌더니 경서가 가진 색종이가 50장이었습니다. 영주가 가진 색종이는 몇 장입니까?

( )

유형 **04** 새 교과서에 나온 활동 유형

09 태양에서 지구까지의 거리를 1로 보았을 때 태양에서 각 행성까지의 상대적인 거리를 나타낸 표입니다. 태양에서 수성까지의 거리와 태양에서 천왕성까지의 거리의 비를 간단한 자연수의 비로 나타내시오.

행성	상대적인 거리	행성	상대적인 거리
수성	0.4	목성	5.2
금성	0.7	토성	9.5
지구	1	천왕성	19.2
화성	1.5	해왕성	30

( )

10 정오각형을 그리고 대각선을 모두 그으면 안쪽에 별 모양이 생기는 데 이때 짧은 선분과 긴 선분의 길이의 비는 5 : 8입니다. 다음 정오각형에서 선분 ㄱㄷ의 길이가 65 cm일 때 선분 ㄱㄴ과 선분 ㄴㄷ의 길이의 차는 몇 cm입니까?

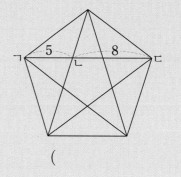

( )

다르지만 같은 유형

유형 01 비례식의 성질로 □ 안에 알맞은 수 구하기

01 비례식이 성립하도록 □ 안에 알맞은 수를 구하시오.

$$8 : (\boxed{} + 6) = 40 : 75$$

(　　　　　　　　)

02 비례식이 성립하도록 □ 안에 알맞은 수를 구하시오.

$$(2 + \boxed{}) : \frac{4}{5} = 30 : 4$$

(　　　　　　　　)

서술형

03 비례식이 성립하도록 □ 안에 알맞은 수를 구하는 풀이 과정을 쓰고 답을 구하시오.

$$25.5 : (\boxed{} - 5) = 17 : 8$$

[풀이]

[답]

유형 02 넓이의 비를 구하여 도형의 넓이 구하기

04 직사각형 가와 나의 넓이의 합은 230 cm²입니다. 직사각형 가의 넓이는 몇 cm²입니까?

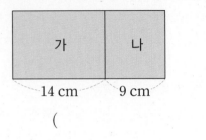

(　　　　　　　　)

05 평행사변형 가와 나의 넓이의 합은 324 cm²입니다. 평행사변형 나의 넓이는 몇 cm²입니까?

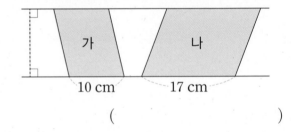

(　　　　　　　　)

06 삼각형 가와 나의 넓이의 합은 130 cm²입니다. 삼각형 가의 넓이는 몇 cm²입니까?

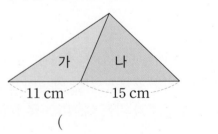

(　　　　　　　　)

QR 코드를 찍어 **동영상 특강**을 보세요.

4

비례식과 비례배분

유형 03 길이의 비가 주어진 도형의 넓이 구하기

07 가로와 세로의 비가 7 : 4이고 가로가 21 cm 인 직사각형이 있습니다. 직사각형의 넓이는 몇 cm^2입니까?

( )

08 밑변의 길이와 높이의 비가 9 : 5이고 높이가 30 cm인 평행사변형이 있습니다. 평행사변형의 넓이는 몇 cm^2입니까?

( )

🗨️서술형
09 밑변의 길이와 높이의 비가 3 : 8이고 밑변의 길이가 15 cm인 삼각형이 있습니다. 삼각형의 넓이는 몇 cm^2인지 풀이 과정을 쓰고 답을 구하시오.

[풀이]

[답]

유형 04 간단한 자연수의 비로 비례배분하기

10 넓이가 3500 m^2인 밭을 0.6 : 1.5로 나누어 고구마밭과 감자밭으로 만들었습니다. 감자밭의 넓이는 몇 m^2입니까?

( )

11 콩밥을 지으려고 쌀과 콩을 $\dfrac{3}{4} : \dfrac{3}{5}$의 비로 넣었습니다. 넣은 쌀과 콩의 전체 무게가 900 g 이라면 콩의 무게는 몇 g입니까?

( )

🗨️서술형
12 색종이 145장을 지후와 윤미가 $1\dfrac{1}{5} : 1.7$로 나누어 가졌습니다. 지후는 색종이를 몇 장 가졌는지 풀이 과정을 쓰고 답을 구하시오.

[풀이]

[답]

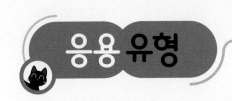

비례식을 이용하여 시각 구하기

01 ❷하루에 6분씩 빨라지는 시계가 있습니다. / ❶오늘 오후 5시에 정확한 시각으로 맞추어 놓았습니다. 내일 오후 1시에 / ❸이 시계가 가리키는 시각은 오후 몇 시 몇 분입니까?

오후 ( )

❶ 오늘 오후 5시부터 내일 오후 1시까지 지난 시간을 구합니다.

❷ 비례식을 세워 내일 오후 1시까지 빨라지는 시간을 구합니다.

❸ 내일 오후 1시에 시계가 가리키는 시각을 구합니다.

비례배분한 양으로 총 이익금 구하기

02 ❶㉮와 ㉯ 두 사람이 각각 100만 원, 80만 원을 투자하여 얻은 이익금을 투자한 금액의 비로 나누어 가졌습니다. / ❷㉮가 가진 이익금이 25만 원일 때 총 이익금은 얼마입니까?

( )

❶ 투자한 금액의 비를 간단한 자연수의 비로 나타냅니다.

❷ 총 이익금을 □원이라 하고 비례배분한 식을 세워 □의 값을 구합니다.

비례식을 이용하여 톱니바퀴 회전수 구하기

03 ❶맞물려 돌아가는 두 톱니바퀴 ㉮와 ㉯가 있습니다. ㉮의 톱니 수는 40개, ㉯의 톱니 수는 56개입니다. / ❷㉯가 15바퀴 도는 동안 / ❸㉮는 몇 바퀴 돕니까?

( )

❶ 톱니바퀴 ㉮와 ㉯의 회전수의 비를 구합니다.

❷ ❶에서 구한 비를 이용하여 비례식을 세웁니다.

❸ ❷에서 구한 비례식을 풉니다.

4

도형의 넓이의 비 나타내기

04 ❶직선 ㉮와 ㉯는 서로 평행합니다. 직사각형 ㄱㄴㄷㄹ의 넓이와 사다리꼴 ㅁㅂㅅㅇ의 넓이의 비를 / ❷간단한 자연수의 비로 나타내시오.

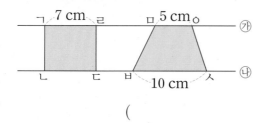

(   )

❶ 평행선 사이의 거리를 ☐ cm라 하고 두 도형의 넓이를 ☐를 사용한 식으로 나타낸 후 비로 나타냅니다.
❷ ❶에서 구한 넓이의 비를 간단한 자연수의 비로 나타냅니다.

비례배분한 양으로 비례식을 세워 문제 풀기

05 ❷오리와 닭이 11 : 9의 비로 모여 있었습니다. / ❶잠시 후 오리 몇 마리가 연못으로 들어 갔더니 남은 오리와 닭의 비가 2 : 3이 되었습니다. 남은 오리와 닭이 모두 45마리일 때 / ❸연못으로 들어간 오리는 몇 마리입니까?

(   )

❶ 남은 오리와 닭의 비로 비례배분하여 남은 오리의 수와 남은 닭의 수를 각각 구합니다.
❷ ❶에서 구한 남은 닭의 수를 이용한 비례식을 세워 처음 오리의 수를 구합니다.
❸ (연못으로 들어간 오리의 수)
  =(처음 오리의 수)−(남은 오리의 수)

비례식을 세워 문제 풀기

06 ❶연필을 민주는 35자루, 진호는 몇 자루 가지고 있었습니다. / ❷잠시 후 민주가 진호에게 연필을 10자루 주었더니 민주와 진호가 가지고 있는 연필 수의 비가 5 : 6이 되었습니다. / ❸처음에 민주와 진호가 가지고 있던 연필 수의 비를 간단한 자연수의 비로 나타내시오.

(   )

❶ 처음에 민주와 진호가 가지고 있던 연필 수의 비를 구합니다.
❷ 연필을 주고 받은 후의 연필 수를 각각 구하여 비례식을 세웁니다.
❸ 처음에 민주와 진호가 가지고 있던 연필 수의 비를 간단한 자연수의 비로 나타냅니다.

07 진수와 영호의 몸무게의 비는 9 : 8이고 진수는 영호보다 5 kg 더 무겁습니다. 진수와 영호의 몸무게의 합은 몇 kg입니까?

(   )

08 똑같은 일을 하는 데 현성이는 4시간, 유빈이는 3시간이 걸렸습니다. 현성이와 유빈이가 한 시간 동안 한 일의 양의 비를 간단한 자연수의 비로 나타내시오.

(   )

09 밑변의 길이와 높이의 합이 12 cm인 평행사변형이 있습니다. 밑변의 길이가 높이의 2배일 때 평행사변형의 넓이는 몇 cm²입니까?

(   )

비례식을 이용하여 시각 구하기

10 하루에 8분씩 빨라지는 시계가 있습니다. 오늘 오후 9시에 정확한 시각으로 맞추어 놓았습니다. 내일 오후 3시에 이 시계가 가리키는 시각은 오후 몇 시 몇 분입니까?

오후 (   )

11 두 수조 가와 나의 들이의 비는 $\frac{1}{9} : \frac{1}{13}$이고 수조 나의 들이는 108 L입니다. 수조 가에 물을 가득 채운 후 수조 나에 모두 부었습니다. 수조 나에서 넘친 물의 양은 몇 L입니까?

(   )

비례배분한 양으로 총 이익금 구하기

12 ㉮와 ㉯ 두 사람이 각각 200만 원, 150만 원을 투자하여 얻은 이익금을 투자한 금액의 비로 나누어 가졌습니다. ㉯가 가진 이익금이 60만 원일 때 총 이익금은 얼마입니까?

(   )

QR 코드를 찍어 **유사 문제**를 보세요.

비례식을 이용하여 톱니바퀴 회전수 구하기

13 맞물려 돌아가는 두 톱니바퀴 ㉮와 ㉯가 있습니다. ㉮의 톱니 수는 63개, ㉯의 톱니 수는 84개입니다. ㉮가 20바퀴 도는 동안 ㉯는 몇 바퀴 돕니까?

(   )

도형의 넓이의 비 나타내기

14 직선 ㉮와 ㉯는 서로 평행합니다. 평행사변형 ㄱㄴㄷㄹ의 넓이와 삼각형 ㅁㅂㅅ의 넓이의 비를 간단한 자연수의 비로 나타내시오.

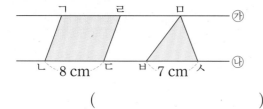

(   )

비례배분한 양으로 비례식을 세워 문제 풀기

15 소와 돼지가 12 : 13의 비로 모여 있었습니다. 잠시 후 돼지 몇 마리가 우리 안으로 들어 갔더니 남은 소와 돼지의 비가 4 : 3이 되었습니다. 남은 소와 돼지가 모두 84마리일 때 우리 안으로 들어간 돼지는 몇 마리입니까?

(   )

16 두 직사각형 가와 나가 다음과 같이 겹쳐져 있습니다. 겹쳐진 부분의 넓이는 가의 넓이의 $\frac{5}{8}$이고 나의 넓이의 $\frac{2}{5}$입니다. 가와 나의 넓이의 합이 164 cm²일 때 가의 넓이는 몇 cm²입니까?

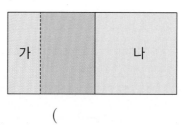

(   )

비례식을 세워 문제 풀기

17 참외가 달콤 가게에는 550개, 상큼 가게에는 몇 개 있었습니다. 잠시 후 달콤 가게는 참외를 250개 더 들여 오고 상큼 가게는 참외를 200개 팔았더니 달콤 가게와 상큼 가게에 있는 참외 수의 비가 8 : 3이 되었습니다. 처음에 달콤 가게와 상큼 가게에 있던 참외 수의 비를 간단한 자연수의 비로 나타내시오.

(   )

4

비례식과 비례배분

$\dfrac{2}{7}:\dfrac{3}{4}=8:21$이 옳은 비례식인지 알아보려고 합니다. $A=\dfrac{2}{7}$,

$B=\dfrac{3}{4}$, $C=8$, $D=21$을 입력했을 때 출력되는 나오는 표시는 ○입니까, ✕입니까?

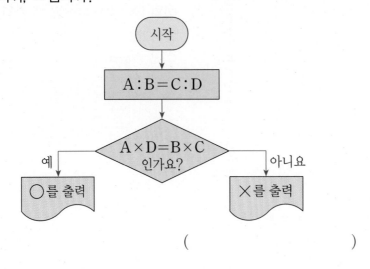

(   )

문제 해결

2

다음과 같이 넓이가 $36\ \text{cm}^2$인 정사각형 안에 가장 큰 삼각형을 그렸습니다. 정사각형과 삼각형의 넓이의 비를 간단한 자연수의 비로 나타내시오.

(   )

삼각형의 밑변의 길이와 높이는 정사각형의 한 변의 길이와 같습니다.

3

과학 시간에 소금과 모래를 1.2 : 1.5로 섞은 후 분리 실험을 하려고 합니다. 섞은 소금과 모래의 전체 무게가 180 g이라면 소금의 무게는 몇 g입니까?

소금

모래

(　　　　　　　　　　)

1.2 : 1.5를 간단한 자연수의 비로 나타낸 후 비례배분합니다.

4

비례식과 비례배분

4

다음과 같이 높이가 60 cm인 수조에 120 L의 물을 더 부으면 넘치지 않고 가득 차게 됩니다. 수조에 담겨 있는 물의 높이가 35 cm일 때 담겨 있는 물의 양은 몇 L입니까?

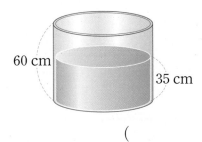
60 cm
35 cm

(　　　　　　　　　　)

1

| HME 18번 문제 수준 |

윤지와 미현이가 달리기 시합을 해서 이긴 사람은 사탕을 14개 받습니다. 윤지가 이기면 윤지와 미현이가 가지고 있는 사탕 수의 비는 1 : 1이 되고 미현이가 이기면 1 : 3이 됩니다. 달리기 시합을 하기 전에 윤지와 미현이가 가지고 있던 사탕은 모두 몇 개입니까?

(   )

2

| HME 19번 문제 수준 |

다음 비례식에서 ㉮와 ㉯의 곱은 150보다 작은 8의 배수입니다. ◻ 안에 들어갈 수 있는 자연수 중에서 가장 큰 수를 구하시오.

$$㉮ : 5 = \boxed{} : ㉯$$

(   )

◇ ■ = ▲ × ●에서 ■는 ▲, ●의 배수입니다.

● 정답 및 풀이 **64**쪽

3

| HME 20번 문제 수준 |

해법마을 토지의 40 %는 논이고 나머지는 밭입니다. 밭은 배추밭과 무밭으로 되어 있고 배추밭의 넓이는 무밭의 넓이의 $\frac{3}{5}$입니다. 해법마을 토지의 넓이가 8000 m²일 때 배추밭의 넓이는 몇 m²입니까?

(   )

◇ 곱셈식 ㉮ × ■ = ㉯ × ▲는

비례식 ㉮ : ㉯ = ▲ : ■로 나타낼 수 있습

니다.

4

| HME 21번 문제 수준 |

다음과 같이 분수를 일정한 규칙에 따라 늘어놓고 있습니다. 21번째 분수와 36번째 분수의 비를 자연수의 비 ㉠ : 140으로 나타내었을 때 ㉠의 값을 구하시오.

$$\frac{1}{2},\ \frac{1}{3},\ \frac{2}{3},\ \frac{1}{4},\ \frac{2}{4},\ \frac{3}{4},\ \frac{1}{5},\ \cdots$$

(   )

세상에서 가장 유명한 사각뿔, 피라미드!

피라미드 속에 숨겨진 수학

피라미드 건축에서 가장 어려운 문제는 피라미드의 밑면을 정사각형으로 만드는 일이라고 해요. 여기에서 약간의 오차가 생기면 꼭대기가 들어맞지 않기 때문이죠. 변변한 측량 도구가 없었지만 옛날 이집트인들은 거대한 사각뿔 모양을 정확히 만든 만큼 놀라운 수학 실력을 갖추고 있었던 셈이에요.

쿠푸왕의 피라미드가 지구 북반부를 축소해 만들었다는 주장도 있어요.

지구 적도의 둘레는 약 4만 68 km이고 북극에서부터 지구의 중심부까지 잰 지구의 반지름은 약 6355 km인데 이것을 각각 43200으로 나누면 927.5 m와 147.11 m가 나와요.

그런데 쿠푸왕 피라미드의 밑면의 둘레가 약 921 m로 축소된 지구 적도의 둘레 927.5 m와 비슷하고 높이가 약 147 m로 축소된 지구의 반지름 147.11 m와 비슷하다는 것이지요. 지구 둘레와 반지름을 나눌 때 사용한 43200의 432란 숫자는 메소포타미아 문명 등 고대 문명에서 나온 신비의 숫자랍니다.

피라미드의 높이를 잰 탈레스

피라미드의 높이를 재려면 어떻게 해야 할까요?

기원전 620년쯤 그리스에서 태어난 수학자 탈레스는 그림자의 길이를 이용해 피라미드의 높이를 재었대요. 즉, 피라미드의 그림자와 막대의 그림자를 재어 비례식으로 피라미드의 높이를 구한 것이지요.

비례식이 아니라 다른 방법으로 구했다는 주장도 있어요.

막대의 길이와 그림자의 길이가 같을 때 피라미드 그림자의 길이가 피라미드의 높이가 된다는 사실을 이용하여 피라미드의 높이를 구했다는 것이죠.

피라미드의 건축술만큼이나 탈레스의 수학 실력도 놀랍지 않나요?

5

원의 넓이

유형 **01** 반지름의 변화에 따른 원주, 넓이의 변화

- 반지름이 2배, 3배, ...가 되면 원주도 2배, 3배, ...가 됩니다.
- 반지름이 2배, 3배, ...가 되면 원의 넓이는 $2 \times 2 = 4$(배), $3 \times 3 = 9$(배), ...가 됩니다.

큰 원의 반지름이 작은 원의 반지름의 4배일 때
(큰 원의 원주) = (작은 원의 원주) × ☐,
(큰 원의 넓이) = (작은 원의 넓이) × ☐

01 큰 원의 반지름은 작은 원의 반지름의 2배입니다. 작은 원의 원주가 3.14 cm라면 큰 원의 원주는 몇 cm입니까? (단, 작은 원의 반지름을 구하지 않고 해결해 보시오.)

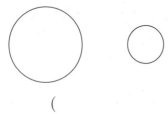

( )

02 큰 원의 반지름은 작은 원의 반지름의 3배입니다. 작은 원의 넓이가 27.9 cm²라면 큰 원의 넓이는 몇 cm²입니까? (단, 작은 원의 반지름을 구하지 않고 해결해 보시오.)

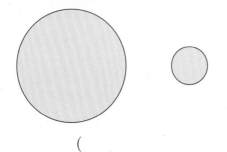

( )

유형 **02** 원의 넓이로 지름과 반지름 구하기

(원의 넓이) = (반지름) × (반지름) × (원주율)

(반지름) × (반지름) = (원의 넓이) ÷ (원주율)

넓이가 48 cm²인 원의 반지름 구하기 (원주율: 3)
(반지름) × (반지름) = $48 \div 3 = $ ☐,
$4 \times 4 = $ ☐ 이므로 (반지름) = 4 cm입니다.

03 원의 반지름은 몇 cm입니까? (원주율: 3)

넓이: 243 cm²

( )

04 ㉠에 알맞은 수를 구하시오. (원주율: 3.1)

반지름이 ㉠ cm인 원의 넓이는 111.6 cm²입니다.

( )

05 넓이가 78.5 cm²인 원의 지름은 몇 cm입니까? (원주율: 3.14)

( )

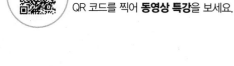

유형 **03** 일부분을 옮겨 넓이 구하기

색칠한 부분의 넓이 구하기 (원주율: 3)

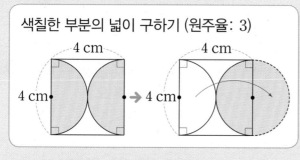

(색칠한 부분의 넓이)

= (반지름이 ☐ cm인 원의 넓이)

= 2 × 2 × 3 = ☐ (cm²)

06 색칠한 부분의 넓이는 몇 cm²입니까?

(원주율: 3.14)

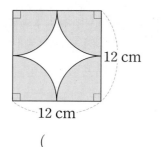

(　　　　)

07 색칠한 부분의 넓이는 몇 cm²입니까?

(원주율: 3.1)

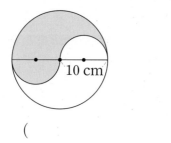

(　　　　)

유형 **04** 새 교과서에 나온 활동 유형

08 저금통을 만들어 다음 세 동전을 넣을 수 있도록 구멍을 내려고 합니다. 저금통 구멍의 길이는 몇 cm 이상이어야 합니까? (원주율: 3)

둘레:
7.95 cm

둘레:
7.2 cm

둘레:
6.48 cm

(　　　　)

09 길이가 5 m인 줄에 염소가 매어 있습니다. 이 염소가 움직일 수 있는 부분의 넓이는 몇 m²입니까? (단, 매듭에 사용된 줄의 길이는 생각하지 않습니다.) (원주율: 3.1)

줄의 길이
5 m

(　　　　)

5

원의 넓이

유형 01 원주를 알 때 반지름 구하기

01 컴퍼스를 오른쪽과 같이 벌려서 그린 원의 원주가 18.84 cm였습니다. ☐ 안에 알맞은 수를 써넣으시오. (원주율: 3.14)

☐ cm

02 길이가 49.6 cm인 종이띠를 겹치지 않게 사용하여 크기가 같으면서 가장 큰 원을 2개 만들었습니다. 남은 종이띠가 없을 때 만든 원의 반지름은 몇 cm입니까? (원주율: 3.1)

( )

03 가장 큰 원과 가장 작은 원의 반지름의 차는 몇 cm입니까? (원주율: 3)

> • 원주가 30 cm인 원
> • 지름이 14 cm인 원
> • 원주가 36 cm인 원

( )

유형 02 지름의 합이 같은 원의 원주

04 빨간색 원 4개의 크기는 모두 같고 파란색 원의 원주는 75.36 cm입니다. 빨간색 원 1개의 원주는 몇 cm입니까? (단, 파란색 원의 지름을 구하지 않고 해결해 보시오.)

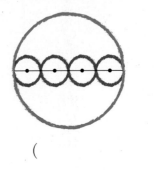

( )

05 반원을 이용하여 다음과 같은 모양을 그렸습니다. 초록색 선의 길이가 94.2 cm일 때 파란색 반원의 반지름은 몇 cm입니까? (원주율: 3.14)

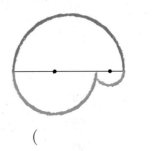

( )

06 반원을 이용하여 다음과 같은 모양을 그렸습니다. 도형의 둘레가 27.9 cm일 때 선분 ㄱㄴ의 길이는 몇 cm입니까? (원주율: 3.1)

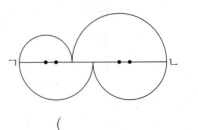

( )

QR 코드를 찍어 **동영상 특강**을 보세요.

段
유형 03 원주의 활용

07 원 가와 나의 원주의 합은 몇 cm입니까? (원주율: 3.14)

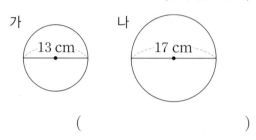

(   )

08 색칠한 부분의 둘레는 몇 cm입니까? (원주율: 3.1)

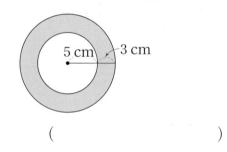

(   )

09 도형의 둘레는 몇 cm입니까? (원주율: 3)

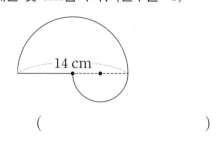

(   )

유형 04 원의 넓이의 활용

10 색칠한 부분의 넓이는 몇 cm²입니까? (원주율: 3.14)

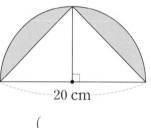

(   )

11 색칠한 부분의 넓이는 몇 cm²입니까? (원주율: 3.1)

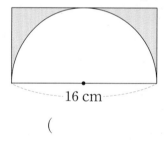

(   )

12 색칠한 부분의 넓이는 몇 cm²입니까? (원주율: 3)

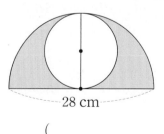

(   )

5. 원의 넓이 **65**

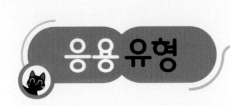

원주를 이용하여 원의 넓이 구하기

01 ❶원주가 125.6 cm인 원입니다. / ❷이 원의 넓이는 몇 cm²입니까? (원주율: 3.14)

원주: 125.6 cm

( )

❶ 원주를 이용하여 원의 반지름을 구합니다.
❷ 원의 넓이를 구합니다.

원의 넓이를 이용하여 원주 구하기

02 ❶넓이가 379.94 cm²인 원입니다. / ❷이 원의 원주는 몇 cm입니까? (원주율: 3.14)

넓이: 379.94 cm²

( )

❶ 원의 넓이를 이용하여 원의 반지름을 구합니다.
❷ 원주를 구합니다.

원으로 이루어진 도형의 둘레 구하기

03 ❶두 원을 이어 붙여 만든 도형입니다. / ❷이 도형의 둘레는 몇 cm입니까? (원주율: 3.14)

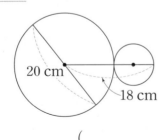

20 cm
18 cm

( )

❶ 큰 원의 반지름을 이용하여 작은 원의 지름을 구합니다.
❷ 큰 원의 원주와 작은 원의 원주의 합을 구합니다.

원의 일부분의 넓이 구하기

04 **❶**오른쪽 도형은 왼쪽 원의 일부분입니다. / **❷**오른쪽 도형의 넓이는 몇 cm²입니까? (원주율: 3)

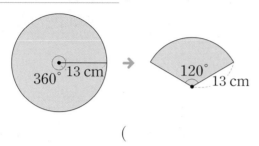

(　　　　　　)

❶ 오른쪽 도형은 왼쪽 원의 몇 분의 몇인지 알아봅니다.
❷ 왼쪽 원의 넓이의 ❶만큼을 구합니다.

사용한 끈의 길이 구하기

05 **❶**반지름이 4 cm인 원 모양의 통 4개를 다음과 같이 끈으로 겹치지 않게 한 번 둘렀습니다. / **❷**사용한 끈의 길이는 몇 cm입니까? (원주율: 3.14)

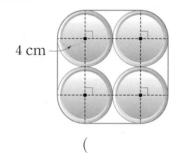

(　　　　　　)

❶ 직선 부분의 길이의 합과 곡선 부분의 길이의 합을 각각 구합니다.
❷ (사용한 끈의 길이)
　＝(직선 부분의 길이의 합)
　　＋(곡선 부분의 길이의 합)

원의 넓이의 활용

06 **❶**평행사변형 안에 가장 큰 원을 그려 넣었습니다. 평행사변형의 넓이가 360 cm²일 때 / **❷**색칠한 부분의 넓이는 몇 cm²입니까? (원주율: 3.14)

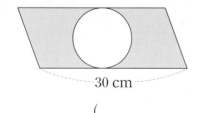

(　　　　　　)

❶ 평행사변형의 넓이를 이용하여 원의 지름을 구합니다.
❷ (색칠한 부분의 넓이)
　＝(평행사변형의 넓이)－(원의 넓이)

07 큰 원의 원주는 49.6 cm입니다. 작은 원의 반지름은 몇 cm입니까? (원주율: 3.1)

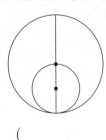

(   )

원주를 이용하여 원의 넓이 구하기

08 원주가 108 cm인 원입니다. 이 원의 넓이는 몇 cm²입니까? (원주율: 3)

원주:
108 cm

(   )

원의 넓이를 이용하여 원주 구하기

09 넓이가 243 cm²인 원입니다. 이 원의 원주는 몇 cm입니까? (원주율: 3)

넓이:
243 cm²

(   )

10 운동장에 지름이 300 cm인 원이 그려져 있습니다. 이 원의 둘레를 따라 지름이 75 cm인 원 모양의 굴렁쇠를 몇 바퀴 굴렸더니 운동장에 그려진 원을 한 바퀴 돌았습니다. 굴렁쇠를 몇 바퀴 굴렸습니까? (원주율: 3)

(   )

원으로 이루어진 도형의 둘레 구하기

11 두 원을 이어 붙여 만든 도형입니다. 이 도형의 둘레는 몇 cm입니까? (원주율: 3.1)

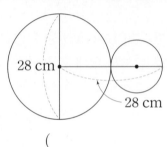

28 cm

28 cm

(   )

12 직사각형 모양의 색종이 안에 가장 큰 원을 그린 후 원을 잘라냈습니다. 원을 잘라내고 남은 색종이의 넓이는 몇 cm²입니까?

(원주율: 3.14)

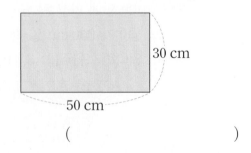

30 cm

50 cm

(   )

QR 코드를 찍어 **유사 문제**를 보세요.

원의 일부분의 넓이 구하기

13 오른쪽 도형은 왼쪽 원의 일부분입니다. 오른쪽 도형의 넓이는 몇 cm²입니까? (원주율: 3)

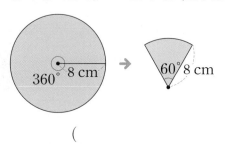

(   )

14 다음 도형에서 직사각형의 넓이가 32 cm²일 때 색칠한 부분의 넓이는 몇 cm²입니까?

(원주율: 3)

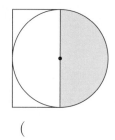

(   )

사용한 끈의 길이 구하기

15 반지름이 5 cm인 원 모양의 통 3개를 다음과 같이 끈으로 겹치지 않게 한 번 둘렀습니다. 사용한 끈의 길이는 몇 cm입니까?

(원주율: 3.14)

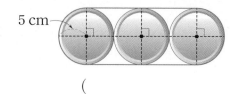

(   )

원의 넓이의 활용

16 평행사변형 안에 가장 큰 원을 그려 넣었습니다. 평행사변형의 넓이가 128 cm²일 때 색칠한 부분의 넓이는 몇 cm²입니까? (원주율: 3.1)

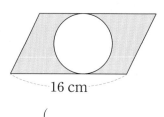

(   )

17 지름을 1 cm씩 늘려가며 원을 그리고 있습니다. 첫 번째 원의 지름이 2 cm일 때 원의 넓이가 첫 번째 원의 16배가 되는 것은 몇 번째 원입니까? (원주율: 3)

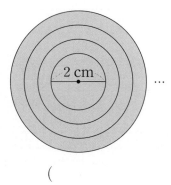

(   )

5

원의 넓이

추론

1 태극기의 중앙에 있는 원 모양은 태극 문양입니다. 태극 문양의 지름은 태극기의 세로의 $\frac{1}{2}$입니다. 태극기의 세로가 40 cm일 때 태극 문양 중 파란색 부분의 둘레는 몇 cm입니까? (원주율: 3.14)

동영상

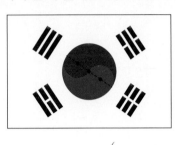

(   )

지름이 같으면 원의 원주도 같습니다.

창의·융합

2 승민이가 모눈종이에 그린 무지개입니다. 색칠한 부분의 넓이는 몇 cm²입니까? (원주율: 3)

동영상

1 cm
1 cm

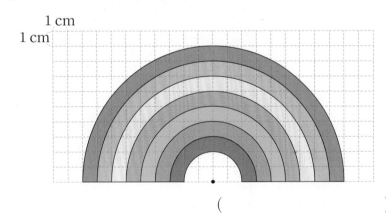

(   )

코딩

3 시작에 반지름이 1 cm인 원을 넣어 실행했을 때 끝에 나오는 원의 넓이는 몇 cm²입니까? (원주율: 3)

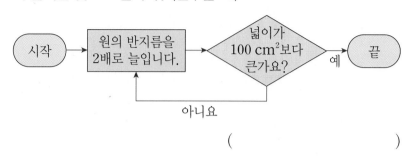

(   )

> 반지름이 2배, 3배, ...가 되면 원의 넓이는 $2 \times 2 = 4$(배), $3 \times 3 = 9$(배), ...가 됩니다.

문제 해결

4 밑면의 모양이 왼쪽과 같은 고깔을 원의 중심 ㅇ에 고정시킨 후 원주를 따라 굴리고 있습니다. 고깔이 출발한 자리로 돌아오려면 고깔을 적어도 몇 바퀴 굴려야 합니까? (원주율: 3)

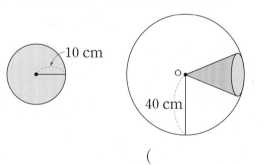

(   )

5

원의 넓이

1

| HME 18번 문제 수준 |

다음과 같은 트랙의 둘레를 따라 민준이와 수빈이가 같은 방향으로 달리고 있습니다. 두 사람 모두 트랙을 5바퀴씩 돌았을 때 민준이는 수빈이보다 몇 m 더 달렸습니까? (원주율: 3.14)

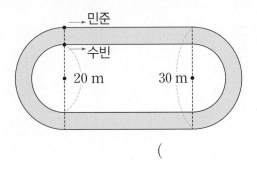

(   )

◇ 곡선 부분을 모으면 각각 지름이 20 m, 30 m인 원이 됩니다.

2

| HME 19번 문제 수준 |

반지름이 25 cm인 원의 일부분 안에 지름이 25 cm인 반원 2개를 그린 것입니다. 색칠한 부분의 둘레는 몇 cm입니까? (원주율: 3.1)

25 cm

25 cm

(   )

3

| HME 20번 문제 수준 |

다음 그림은 한 변의 길이가 2 cm인 정사각형의 둘레에 원의 일부분을 이어 만든 것입니다. 색칠한 부분의 넓이는 몇 cm²입니까?

(원주율: 3)

△ 정사각형의 한 변의 길이를 이용하여 각

원의 일부분의 반지름을 구합니다.

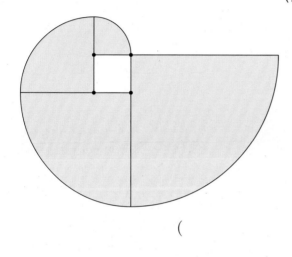

(   )

4

| HME 21번 문제 수준 |

다음 도형에서 색칠한 부분 가와 나의 넓이가 같다면 선분 ㄱㄴ의 길이는 몇 cm입니까? (원주율: 3.14)

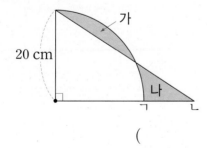

(   )

원주율에도 역사가 있다!

원주율을 계산한 아르키메데스

원주율을 최초로 정확히 계산한 사람은 기원전 3세기 그리스의 수학자 아르키메데스였어요.
아르키메데스는 원 안과 원 바깥에 최대한 많은 변을 갖는 다각형을 그려 원의 둘레를 구했어요. 원의 둘레는 두 다각형의 둘레의 길이 사이에 포함되겠죠?
이렇게 정96각형까지 이용해 원의 둘레와 원주율을 구했는데 계산 결과는 다음과 같아요.

$$3.1408\cdots < 원주율(\pi) < 3.1428\cdots$$

소수점 아래 두 자리까지는 지금의 원주율과도 정확히 같죠?
그래서 원주율 π(3.14)를 '아르키메데스의 수'라고도 한답니다.

다각형을 이용해 원주와 원주율을 알아낸 건 바로 저, 아르키메데스입니다.

서양보다 정확했던 원주율 계산

아르키메데스 이후 원주율 계산은 서양보다 동양에서 더 정확했어요. 2세기에 중국의 장형은 원주율을 3.1623으로 계산했고, 3세기에 중국의 유희는 아르키메데스보다 훨씬 더 정밀한 원주율을 계산해냈죠. 6세기쯤 송나라의 조충지는 이를 더욱 발전시켜 원주율이 3.1415926과 3.1415927 사이에 존재한다는 사실을 알아냈어요.
독일에서는 1600년대 루돌프 판 체울렌이 소수점

$3.14 \rightarrow 3.14159265358979323846\cdots$

원주율을 정확히 계산하면 대체 소수 몇 자리 수일까?

이하 35자리까지 계산했고, 영국의 수학자 샹크스는 1873년 소수점 이하 707자리까지 원주율 값을 계산해 냈죠. 무려 15년에 걸린 작업이었는데 나중에 그의 계산은 528자리까지만 정확한 것으로 밝혀졌대요.
컴퓨터가 발명되면서 원주율의 계산은 획기적인 발전을 하게 되죠. 1949년 9월 최초로 컴퓨터를 이용해 소수점 아래 2037자리까지 계산했어요. 2010년에는 일본의 한 회사원이 소수점 이하 5조 자리까지 계산했다네요.

6

원기둥, 원뿔, 구

유형 **01** 원뿔을 위, 앞, 옆에서 본 모양의 둘레

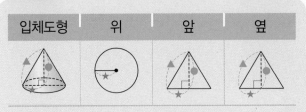

입체도형	위	앞	옆

- 위에서 본 모양: 반지름이 ★인 원
  → (둘레)=★×☐×(원주율)
- 앞, 옆에서 본 모양:
  세 변의 길이가 ▲, ▲, ★×2인 이등변삼각형
  → (둘레)=▲+▲+★×☐

01 원뿔을 위에서 본 모양의 둘레를 구하시오.

(원주율: 3.1)

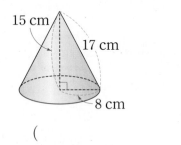

15 cm
17 cm
8 cm

(   )

02 원뿔을 앞에서 본 모양의 둘레를 구하시오.

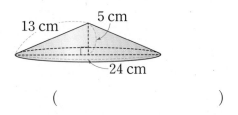

13 cm 5 cm
24 cm

(   )

03 원뿔을 위, 앞, 옆에서 본 모양의 둘레를 각각 구하시오. (원주율: 3)

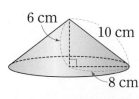

6 cm
10 cm
8 cm

위	앞	옆

유형 **02** 돌리기 전 종이의 넓이 구하기

- 직각삼각형 모양의 종이를 한 바퀴 돌려 원뿔 만들기

길이가 같습니다.

길이가 같습니다

- 반원 모양의 종이를 한 바퀴 돌려 구 만들기

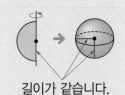

길이가 같습니다.

→ ☐가 같은 부분을 이용하여 넓이를 구합니다.

04 직각삼각형 모양의 종이를 한 변을 기준으로 한 바퀴 돌려서 만든 입체도형입니다. 돌리기 전의 종이의 넓이는 몇 cm^2입니까?

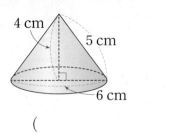

4 cm
5 cm
6 cm

(   )

05 반원 모양의 종이를 지름을 기준으로 한 바퀴 돌려서 만든 입체도형입니다. 돌리기 전의 종이의 넓이는 몇 cm^2입니까? (원주율: 3)

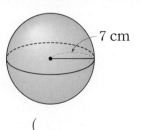

7 cm

(   )

QR 코드를 찍어 **동영상 특강**을 보세요.

유형 03 원기둥의 높이 구하기

전개도를 그렸을 때 옆면의 넓이가 648 cm²
인 원기둥의 높이 구하기 (원주율: 3)

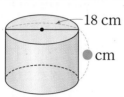

(옆면의 세로)=(원기둥의 높이)= ● cm

(옆면의 가로)=(밑면의 둘레)

= ☐ ×3= ☐ (cm)

(옆면의 넓이)= ☐ × ● =648, ● = ☐

➜ 원기둥의 높이는 ☐ cm입니다.

06 다음 원기둥의 전개도를 그렸을 때 옆면의 넓이가 62 cm²였습니다. 원기둥의 높이는 몇 cm입니까? (원주율: 3.1)

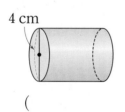

4 cm

( )

07 다음 원기둥의 전개도를 그렸을 때 옆면의 넓이가 602.88 cm²였습니다. 원기둥의 높이는 몇 cm입니까? (원주율: 3.14)

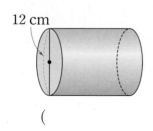

12 cm

( )

유형 04 새 교과서에 나온 활동 유형

[08~09] 원기둥 모양의 음식 용기를 만들려고 합니다. 물음에 답하시오.

08 음식 용기의 전개도를 보고 밑면의 둘레와 높이를 각각 구하시오. (원주율 3.1)

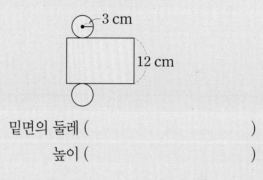

3 cm

12 cm

밑면의 둘레 ( )

높이 ( )

09 08에서 만든 원기둥 모양의 용기를 아래와 같은 상자에 담으려고 할 때 최대 몇 개까지 담을 수 있습니까?

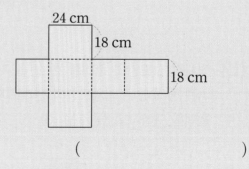

24 cm

18 cm

18 cm

( )

유형 01 평면도형을 돌려 만든 입체도형

01 직각삼각형 모양의 종이를 한 변을 기준으로 한 바퀴 돌려 만든 입체도형의 모선의 길이를 구하시오.

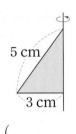

5 cm

3 cm

(   )

02 반원 모양의 종이를 지름을 기준으로 한 바퀴 돌려 만든 입체도형의 반지름을 구하시오.

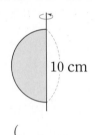

10 cm

(   )

03 직사각형 모양의 종이를 한 변을 기준으로 한 바퀴 돌려 만든 입체도형의 전개도에서 옆면의 둘레를 구하시오. (원주율: 3)

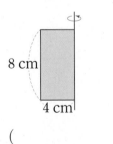

8 cm

4 cm

(   )

유형 02 원기둥, 원뿔, 구의 특징 설명하기

04 원뿔에 대한 설명을 모두 찾아 기호를 쓰시오.

> ㉠ 밑면이 원입니다.
> ㉡ 꼭짓점이 있습니다.
> ㉢ 밑면이 2개입니다.
> ㉣ 옆면이 직사각형입니다.
> ㉤ 옆면은 굽은 면입니다.

(   )

05 구에 대한 설명을 모두 찾아 기호를 쓰시오.

> ㉠ 뾰족한 부분이 있습니다.
> ㉡ 앞에서 본 모양은 원입니다.
> ㉢ 반지름은 2개입니다.
> ㉣ 굽은 면으로 둘러싸여 있습니다.
> ㉤ 가장 안쪽에 있는 점이 구의 중심입니다.

(   )

서술형
06 원기둥에 대한 설명입니다. 잘못된 설명에 밑줄을 긋고 바르게 고치시오.

> 원기둥은 밑면이 2개이고, 원 모양입니다.
> 원기둥의 전개도에서 밑면의 둘레는 옆면의 세로와 같습니다.
> 원기둥은 직사각형 모양의 종이를 한 변을 기준으로 한 바퀴 돌려 만들 수 있습니다.

[바르게 고치기]

_____

_____

유형 **03** 위, 앞, 옆에서 본 모양의 넓이

07 원기둥을 앞에서 본 모양의 넓이가 72 cm²입니다. ☐ 안에 알맞은 수를 써넣으시오.

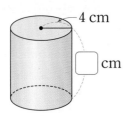

4 cm

☐ cm

08 원뿔을 옆에서 본 모양의 넓이는 몇 cm²입니까?

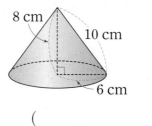

8 cm   10 cm   6 cm

(   )

09 구를 위와 옆에서 본 모양의 넓이의 합이 396.8 cm²입니다. 구의 반지름은 몇 cm입니까? (원주율: 3.1)

(   )

유형 **04** 원기둥의 전개도 활용

10 오른쪽 원기둥의 전개도를 그려 보시오. (원주율: 3)

2 cm

3 cm

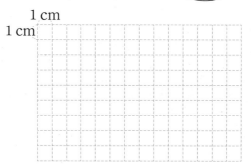

1 cm
1 cm

11 밑면의 지름이 12 cm이고 높이가 20 cm인 원기둥의 전개도에서 옆면의 둘레를 구하시오.
(원주율: 3.1)

(   )

12 다음 조건을 모두 만족하는 원기둥의 밑면의 지름을 구하시오. (원주율: 3)

┌조건┐
• 전개도에서 옆면은 정사각형 모양입니다.
• 전개도의 둘레는 96 cm입니다.

(   )

6

원기둥, 원뿔, 구

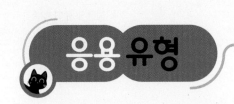

굴린 깡통의 밑면의 반지름

01 ❶원기둥 모양의 깡통을 옆으로 눕혀 3바퀴 굴렸더니 144 cm 굴러갔습니다. / ❷이 깡통의 밑면의 반지름은 몇 cm입니까? (원주율: 3)

(   )

❶ (밑면의 둘레)
　＝(깡통이 굴러간 거리)÷(굴러간 바퀴 수)
❷ (밑면의 반지름)
　＝(밑면의 둘레)÷(원주율)÷2

구의 단면의 넓이

02 ❶반지름이 9 cm인 구를 잘랐을 때 / ❷생기는 가장 큰 단면의 넓이를 구하시오. (원주율: 3.1)

(   )

❶ 구를 자른 단면의 모양을 알아봅니다.
❷ ❶의 단면 중 가장 큰 모양의 넓이를 구합니다.

만든 원뿔의 높이

03 삼각형의 ❶, ❷변 ㄱㄴ과 변 ㄴㄷ을 각각 기준으로 한 바퀴 돌려 만든 원뿔의 높이의 / ❸합을 구하시오.

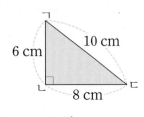

10 cm
6 cm
8 cm

(   )

❶ 변 ㄱㄴ을 기준으로 한 바퀴 돌려 만든 원뿔의 높이를 구합니다.
❷ 변 ㄴㄷ을 기준으로 한 바퀴 돌려 만든 원뿔의 높이를 구합니다.
❸ ❶과 ❷의 합을 구합니다.

칠해지는 넓이

04 ❶원기둥 모양의 롤러에 페인트를 묻혀 2바퀴 굴렸습니다. / ❷페인트가 칠해진 부분의 넓이는 몇 cm²입니까?

(원주율: 3.14)

❶ 칠해진 부분의 가로와 세로를 구합니다.
❷ 칠해진 부분의 넓이를 구합니다.

13 cm

6 cm

(   )

원기둥의 전개도의 둘레

05 원기둥의 전개도입니다. ❸전개도의 둘레를 구하시오.

(원주율: 3.1)

❶ 두 밑면의 둘레의 합을 구합니다.
❷ 옆면의 둘레를 구합니다.
❸ ❶과 ❷의 합을 구합니다.

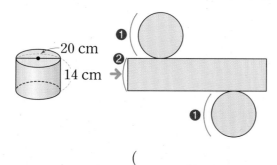

❶

❷

20 cm

14 cm →

❶

(   )

앞에서 본 모양의 넓이

06 ❶원기둥을 앞에서 본 모양의 넓이와 / ❷원뿔을 앞에서 본 모양의 넓이의 / ❸차를 구하시오.

❶ 원기둥을 앞에서 본 모양의 넓이를 구합니다.
❷ 원뿔을 앞에서 본 모양의 넓이를 구합니다.
❸ ❶과 ❷의 차를 구합니다.

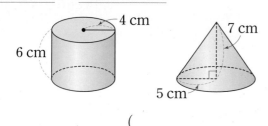

4 cm

6 cm

7 cm

5 cm

(   )

6

원기둥, 원뿔, 구

6. 원기둥, 원뿔, 구

07 원뿔과 각뿔을 분류하였습니다. 원뿔과 각뿔의 공통점과 차이점을 각각 한 가지씩 써 보시오.

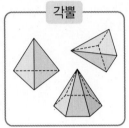

공통점	
차이점	

굴린 깡통의 밑면의 반지름

08 원기둥 모양의 깡통을 옆으로 눕혀 4바퀴 굴렸더니 74.4 cm 굴러갔습니다. 이 깡통의 밑면의 반지름은 몇 cm입니까? (원주율: 3.1)

( )

09 다음 직사각형 모양의 종이를 가로와 세로를 각각 기준으로 한 바퀴 돌려 입체도형을 만들었습니다. 만들어진 두 입체도형의 밑면의 둘레의 차를 구하시오. (원주율: 3.1)

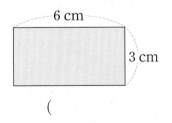

( )

구의 단면의 넓이

10 반지름이 10 cm인 구를 잘랐을 때 생기는 가장 큰 단면의 넓이를 구하시오. (원주율: 3.14)

( )

만든 원뿔의 높이

11 삼각형의 변 ㄱㄴ과 변 ㄴㄷ을 각각 기준으로 한 바퀴 돌려 만든 원뿔의 높이의 합을 구하시오.

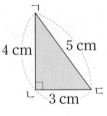

( )

12 두 원기둥의 전개도에서 옆면의 넓이가 같을 때 □ 안에 알맞은 수를 써넣으시오.

(원주율: 3.1)

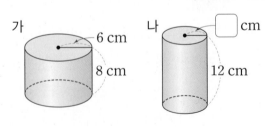

칠해지는 넓이

13 원기둥 모양의 룰러에 페인트를 묻혀 5바퀴 굴렸습니다. 페인트가 칠해진 부분의 넓이는 몇 cm²입니까? (원주율: 3.1)

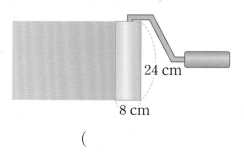

(   )

14 다음 조건을 모두 만족하는 원기둥의 높이는 몇 cm입니까? (원주율: 3)

조건
• 원기둥의 높이와 밑면의 지름은 같습니다.
• 전개도에서 옆면의 둘레는 56 cm입니다.

(   )

원기둥의 전개도의 둘레

15 원기둥의 전개도입니다. 전개도의 둘레를 구하시오. (원주율: 3.14)

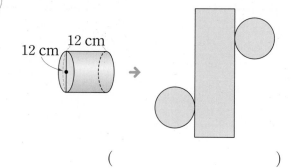

(   )

16 원뿔을 앞과 옆에서 본 모양입니다. 위에서 본 모양의 넓이를 구하시오. (원주율: 3.1)

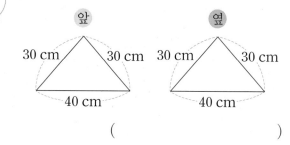

(   )

앞에서 본 모양의 넓이

17 원기둥을 앞에서 본 모양의 넓이와 원뿔을 앞에서 본 모양의 넓이의 차를 구하시오.

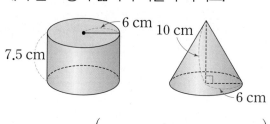

(   )

18 수지가 어떤 평면도형의 가로를 기준으로 돌려야 할 것을 잘못하여 세로를 기준으로 돌렸더니 오른쪽과 같은 입체도형을 얻었습니다. 바르게 돌렸을 때 얻는 입체도형의 한 밑면의 넓이를 구하시오. (원주율: 3.1)

(   )

6
원기둥, 원뿔, 구

코딩

1

오른쪽 명령어에 따라 더 이상 이동할 수 없을 때까지 움직였을 때 마지막에 있는 입체도형은 원기둥, 원뿔, 구 중에서 무엇입니까?

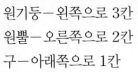

명령어

원기둥─왼쪽으로 3칸

원뿔─오른쪽으로 2칸

구─아래쪽으로 1칸

출발

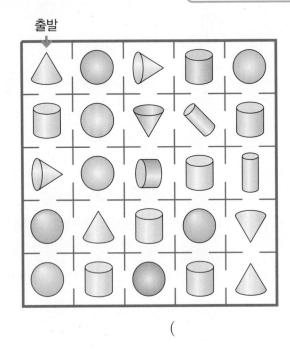

(   )

문제 해결

2

한 밑면의 둘레가 55.8 cm인 원기둥을 다음과 같이 반으로 잘랐습니다. 자른 도형을 앞에서 본 모양이 삼각형일 때 앞에서 본 모양의 넓이는 몇 cm²입니까? (원주율: 3.1)

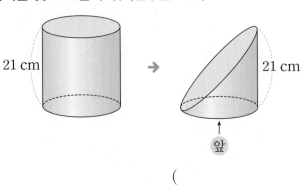

21 cm   →   21 cm

앞

(   )

삼각형의 높이가 21 cm일 때 밑변의 길이는 원기둥의 밑면의 지름과 같습니다.

6

원기둥, 원뿔, 구

추론

3

다음과 같이 원뿔의 밑면의 한 점에서 출발하여 모선을 따라 원뿔의 꼭짓점을 지나 다시 모선을 따라 밑면의 한 점으로 내려오는 빨간 선을 그었습니다. 빨간 선의 길이는 몇 cm입니까?

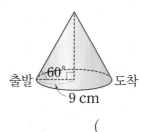

출발 60° 도착
9 cm

(   )

창의·융합

4

다음과 같이 원기둥 모양의 똑같은 음료수 캔 3개를 겹치는 부분이 없게 옆면만 포장하였습니다. 포장지의 넓이는 몇 cm²입니까?

(원주율: 3.14)

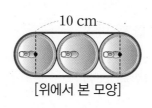

13 cm

10 cm

[위에서 본 모양]

(   )

(포장지의 굽은 면 부분의 넓이)
=(음료수 캔 1개의 옆면의 넓이)

도전! 최상위 유형

1

오른쪽은 어떤 평면도형을 한 변을 기준으로 한 바퀴 돌려 만든 입체도형입니다. 돌리기 전의 평면도형의 넓이가 가장 작을 때, 이 평면도형의 넓이는 몇 cm²입니까?

| HME 18번 문제 수준 |

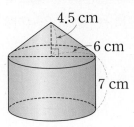

4.5 cm
6 cm
7 cm

(   )

🔷 입체도형의 윗부분은 원뿔 모양, 아랫부분은 원기둥 모양이므로 돌리기 전의 모양을 찾아봅니다.

2

원기둥의 ㄴ 지점에 개미가 있습니다. 이 개미가 원기둥의 옆면을 45° 각도를 유지하면서 일직선으로 기어올라가 ㄱ 지점에 도착하면 옆면을 한 바퀴 돌게 됩니다. 원기둥의 높이는 몇 cm입니까?

(원주율: 3.1)

| HME 19번 문제 수준 |

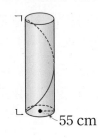

ㄱ

ㄴ 55 cm

(   )

🔷 원기둥의 전개도를 그려 보고 전개도의 옆면에 개미가 움직인 길을 표시해 봅니다.

| HME 20번 문제 수준 |

다음과 같이 빨간색 철사와 초록색 철사를 사용하여 원뿔 모양의 새장을 만들었습니다. 사용한 초록색 철사의 길이가 210 cm일 때, 사용한 빨간색 철사의 길이는 몇 cm입니까? (단, 철사를 이은 부분의 길이는 생각하지 않습니다.) (원주율: 3.1)

24 cm

(   )

◇ 초록색 철사로 만든 원뿔의 모선과 밑면의

지름이 각각 몇 군데인지 알아보고 이를 이용

하여 밑면의 지름을 구해 봅니다.

| HME 21번 문제 수준 |

승우는 다음과 같은 원기둥 모양의 드럼통의 옆면에 밑면의 반지름이 2 cm, 높이가 13 cm인 원기둥 모양의 롤러를 이용해 페인트칠을 하려고 합니다. 롤러를 한 바퀴 굴릴 때 사용되는 페인트의 양이 5 mL라면 적어도 몇 mL의 페인트가 필요합니까? (원주율: 3.14)

40 cm

91 cm

(   )

6

원기둥, 원뿔, 구

아르키메데스의 유언

'유레카'라는 그리스어는 누구나 들어봤을 거예요. 바로 그리스의 수학자 아르키메데스가 외쳐서 유명해진 말이죠. '유레카'는 그리스어로 '알았다'라는 뜻이래요. 역사상 가장 위대한 수학자 중 한 명인 아르키메데스와 그가 사랑한 도형에 대해서 알아볼까요?

내 원을 밟지 말라!

┌ 큰 돌을 성이나 적진으로 쏘아 던지던 병기

아르키메데스는 볼록렌즈, 기중기, 투석기 등 각종 발명품을 만들어 전쟁에 큰 공을 세웠어요. 아르키메데스는 전쟁 중에도 각종 발명품과 수학을 연구했는데 특히 도형을 사랑했어요.

기원전 212년경 아르키메데스의 조국 시라쿠사와 로마 사이에 전쟁이 벌어졌고 로마군은 물밀듯이 시라쿠사까지 점령했어요.

아르키메데스는 로마군이 오는지도 모르고 거리에서 원을 그리며 연구하고 있었는데 길을 가던 로마군이 원을 밟고 지나갔어요. 아르키메데스는 로마군에게 화를 내며 이렇게 말했어요.

"내 원을 밟지 말라!"

어처구니가 없었던 로마군은 아르키메데스를 단칼에 베어버렸대요. 죽음의 순간까지도 연구에 몰두했던 아르키메데스!

정말 대단하지 않나요?

원기둥과 원뿔과 구의 관계

로마군의 사령관 마르켈루스는 아르키메데스의 명성을 잘 알고 있었어요. 그래서 아르키메데스의 유언이 무엇인지 알아봤어요.

"내가 죽거든 구와 원뿔이 내접해 있는 원기둥을 묘비에 새겨주시오."

나중에 알고 보니 위와 같은 원기둥, 구, 원뿔의 부피의 비는 각각 3 : 2 : 1이래요. 3 : 2 : 1이라는 아름다운 조화를 아르키메데스는 이미 알고 있었던 것이죠. 마르켈루스는 아르키메데스의 유언대로 구와 원뿔이 내접해 있는 원기둥이 그려진 묘비를 세워줬답니다.

해결의 법칙을 더! 완벽하게 만들어주는
보충 자료를 받아보시겠습니까?

YES	NO

정답 및 풀이
포인트 **3**가지

▶ 혼자서도 이해할 수 있는 친절한 문제 풀이

▶ 문제 해결에 필요한 핵심 내용 또는
  틀리기 쉬운 내용을 담은 왜 틀렸을까

▶ 문제 분석으로 어려운 응용 유형 완벽 대비

정답 및 풀이

6-2

1 분수의 나눗셈

1 단계 기초 문제

1-1 (1) 6, 3, 2 (2) 5, 2, $\frac{5}{2}$, $2\frac{1}{2}$

(3) 6, 3, 6, 3, 2 (4) 7, 4, 7, 4, $\frac{7}{4}$, $1\frac{3}{4}$

1-2 (1) 8, 2, 4 (2) 9, 4, $\frac{9}{4}$, $2\frac{1}{4}$

(3) 12, 2, 12, 2, 6 (4) 11, 3, 11, 3, $\frac{11}{3}$, $3\frac{2}{3}$

2-1 (1) $\frac{7}{6}$, 7 (2) $\frac{3}{2}$, 5, $1\frac{1}{4}$ (3) 9, 9, $\frac{5}{3}$, 15, $7\frac{1}{2}$

2-2 (1) $\frac{5}{4}$, 3 (2) $\frac{7}{4}$, 14, $1\frac{5}{9}$ (3) 6, 6, $\frac{3}{2}$, 9, $1\frac{4}{5}$

1-1 (3) $\frac{3}{4}=\frac{3\times2}{4\times4}=\frac{6}{8}$

(4) $\frac{2}{5}=\frac{2\times2}{5\times2}=\frac{4}{10}$

1-2 (3) $\frac{4}{5}=\frac{4\times3}{5\times3}=\frac{12}{15}$

(4) $\frac{1}{4}=\frac{1\times3}{4\times3}=\frac{3}{12}$

2-1 (1) $\frac{2}{3}\div\frac{6}{7}=\frac{\overset{1}{\cancel{2}}}{3}\times\frac{7}{\underset{3}{\cancel{6}}}=\frac{7}{9}$

(2) $\frac{5}{6}\div\frac{2}{3}=\frac{5}{\underset{2}{\cancel{6}}}\times\frac{\overset{1}{\cancel{3}}}{2}=\frac{5}{4}=1\frac{1}{4}$

(3) $4\frac{1}{2}\div\frac{3}{5}=\frac{9}{2}\div\frac{3}{5}=\frac{\overset{3}{\cancel{9}}}{2}\times\frac{5}{\underset{1}{\cancel{3}}}=\frac{15}{2}=7\frac{1}{2}$

2-2 (1) $\frac{3}{10}\div\frac{4}{5}=\frac{3}{\underset{2}{\cancel{10}}}\times\frac{\overset{1}{\cancel{5}}}{4}=\frac{3}{8}$

(2) $\frac{8}{9}\div\frac{4}{7}=\frac{\overset{2}{\cancel{8}}}{9}\times\frac{7}{\underset{1}{\cancel{4}}}=\frac{14}{9}=1\frac{5}{9}$

(3) $1\frac{1}{5}\div\frac{2}{3}=\frac{6}{5}\div\frac{2}{3}=\frac{\overset{3}{\cancel{6}}}{5}\times\frac{3}{\underset{1}{\cancel{2}}}=\frac{9}{5}=1\frac{4}{5}$

1 단계 기본 문제

01 4, 4 **02** 6, 6

03 6, 2, 6, 2, 3 **04** 3, 7, 3, 7, $\frac{3}{7}$

05 8, 8 **06** (◯)

( )

07 5, 15 **08** 2, 3, 12

09 $\frac{4}{3}$, $\frac{8}{3}$, $2\frac{2}{3}$ **10** 29, $\frac{8}{29}$, $\frac{32}{29}$, $1\frac{3}{29}$

11 $\frac{7}{4}$, $\frac{7}{24}$ **12** $\frac{9}{8}$, $\frac{45}{64}$

13 $\frac{10}{9}$, 2 **14** $\frac{8}{5}$, 11, $1\frac{1}{10}$

15 18, $\frac{7}{18}$, 7 **16** 13, $\frac{4}{13}$, 5

17 8, 8, $\frac{11}{8}$, 11, $3\frac{2}{3}$ **18** 18, 18, $\frac{7}{6}$, 21, $4\frac{1}{5}$

19 15, 5, 15, $\frac{3}{5}$, 9, $2\frac{1}{4}$ **20** 45, 9, 45, $\frac{5}{9}$, 25, $3\frac{4}{7}$

8쪽

06 자연수를 분수의 분자로 나눈 값에 분수의 분모를 곱합니다.

07 $\blacksquare\div\dfrac{1}{\bullet}=\blacksquare\times\bullet$

08 $\blacksquare\div\dfrac{\blacktriangle}{\bullet}=\blacksquare\div\blacktriangle\times\bullet$

09 $\blacksquare\div\dfrac{\blacktriangle}{\bullet}=\blacksquare\times\dfrac{\bullet}{\blacktriangle}$

9쪽

13 $\frac{3}{5}\div\frac{9}{10}=\frac{\overset{1}{\cancel{3}}}{\underset{1}{\cancel{5}}}\times\frac{\overset{2}{\cancel{10}}}{\underset{3}{\cancel{9}}}=\frac{2}{3}$

14 $\frac{11}{16}\div\frac{5}{8}=\frac{11}{\underset{2}{\cancel{16}}}\times\frac{\overset{1}{\cancel{8}}}{5}=\frac{11}{10}=1\frac{1}{10}$

15 $\frac{9}{11}\div2\frac{4}{7}=\frac{9}{11}\div\frac{18}{7}=\frac{\overset{1}{\cancel{9}}}{11}\times\frac{7}{\underset{2}{\cancel{18}}}=\frac{7}{22}$

16 $\dfrac{5}{12} \div 3\dfrac{1}{4} = \dfrac{5}{12} \div \dfrac{13}{4} = \dfrac{5}{\cancel{12}} \times \dfrac{\cancel{4}}{13} = \dfrac{5}{39}$

17 $2\dfrac{2}{3} \div \dfrac{8}{11} = \dfrac{8}{3} \div \dfrac{8}{11} = \dfrac{\cancel{8}}{3} \times \dfrac{11}{\cancel{8}} = \dfrac{11}{3} = 3\dfrac{2}{3}$

18 $3\dfrac{3}{5} \div \dfrac{6}{7} = \dfrac{18}{5} \div \dfrac{6}{7} = \dfrac{\cancel{18}}{5} \times \dfrac{7}{\cancel{6}} = \dfrac{21}{5} = 4\dfrac{1}{5}$

19 $3\dfrac{3}{4} \div 1\dfrac{2}{3} = \dfrac{15}{4} \div \dfrac{5}{3} = \dfrac{\cancel{15}}{4} \times \dfrac{3}{\cancel{5}} = \dfrac{9}{4} = 2\dfrac{1}{4}$

20 $6\dfrac{3}{7} \div 1\dfrac{4}{5} = \dfrac{45}{7} \div \dfrac{9}{5} = \dfrac{\cancel{45}}{7} \times \dfrac{5}{\cancel{9}} = \dfrac{25}{7} = 3\dfrac{4}{7}$

2단계 기본 유형

10~15쪽

01 (1) 2 (2) $1\dfrac{3}{7}$

02 (교차 연결)

03 (위부터) 3, 3, 2, 2

04 $2\dfrac{1}{3}$

05 ㉠, ㉡, ㉢

06 $1\dfrac{2}{7}$ m

07 5명

08 (1) 2 (2) $\dfrac{15}{28}$

09 ( )(○)

10 예 $\dfrac{4}{7} \div \dfrac{2}{21} = \dfrac{12}{21} \div \dfrac{2}{21} = 12 \div 2 = 6$

11 >

12 3

13 $1\dfrac{4}{45}$

14 3

15 $1\dfrac{3}{4}$ 배

16 (1) 65 (2) 36

17 (교차 연결)

18 63

19 >

20 5

21 6

22 40개

23 (1) $\dfrac{5}{6} \div \dfrac{6}{7} = \dfrac{5}{6} \times \dfrac{7}{6} = \dfrac{35}{36}$

(2) $\dfrac{3}{8} \div \dfrac{2}{9} = \dfrac{3}{8} \times \dfrac{9}{2} = \dfrac{27}{16} = 1\dfrac{11}{16}$

24 $1\dfrac{1}{3}$

25 예 $\dfrac{5}{7} \div \dfrac{3}{4} = \dfrac{5}{7} \times \dfrac{4}{3} = \dfrac{20}{21}$

26 <

27 $\dfrac{9}{10}, 1\dfrac{13}{50}$

28 ㉢

29 $\dfrac{7}{27}$

30 $1\dfrac{1}{35}$ kg

31 (1) $1\dfrac{17}{55}$ (2) $1\dfrac{11}{16}$

32 예 $1\dfrac{1}{2} \div \dfrac{2}{3} = \dfrac{3}{2} \div \dfrac{2}{3} = \dfrac{9}{6} \div \dfrac{4}{6} = 9 \div 4$

$= \dfrac{9}{4} = 2\dfrac{1}{4}$

예 $1\dfrac{1}{2} \div \dfrac{2}{3} = \dfrac{3}{2} \div \dfrac{2}{3} = \dfrac{3}{2} \times \dfrac{3}{2} = \dfrac{9}{4} = 2\dfrac{1}{4}$

33 (○)( )

34 예 $1\dfrac{2}{5} \div \dfrac{3}{7} = \dfrac{7}{5} \div \dfrac{3}{7} = \dfrac{7}{5} \times \dfrac{7}{3} = \dfrac{49}{15} = 3\dfrac{4}{15}$

35 <

36 9

37 $1\dfrac{1}{2}$ cm

38 $1\dfrac{1}{2}$

39 $\dfrac{7}{8}$

40 $1\dfrac{1}{9}$

41 3개

42 4명

43 9번

10쪽

01 (1) $\dfrac{8}{15} \div \dfrac{4}{15} = 8 \div 4 = 2$

(2) $\dfrac{10}{13} \div \dfrac{7}{13} = 10 \div 7 = \dfrac{10}{7} = 1\dfrac{3}{7}$

02 $\dfrac{8}{9} \div \dfrac{3}{9} = 8 \div 3 = \dfrac{8}{3} = 2\dfrac{2}{3}$,

$\dfrac{11}{12} \div \dfrac{5}{12} = 11 \div 5 = \dfrac{11}{5} = 2\dfrac{1}{5}$,

$\dfrac{5}{19} \div \dfrac{2}{19} = 5 \div 2 = \dfrac{5}{2} = 2\dfrac{1}{2}$

03 $\dfrac{12}{17} \div \dfrac{4}{17} = 12 \div 4 = 3$, $\dfrac{6}{17} \div \dfrac{2}{17} = 6 \div 2 = 3$,

$\dfrac{12}{17} \div \dfrac{6}{17} = 12 \div 6 = 2$, $\dfrac{4}{17} \div \dfrac{2}{17} = 4 \div 2 = 2$

04 $\dfrac{7}{11} > \dfrac{5}{11} > \dfrac{3}{11}$ ➡ $\dfrac{7}{11} \div \dfrac{3}{11} = 7 \div 3 = \dfrac{7}{3} = 2\dfrac{1}{3}$

05 ㉠ $\dfrac{11}{14} \div \dfrac{3}{14} = 11 \div 3 = \dfrac{11}{3} = 3\dfrac{2}{3}$,

㉡ $\dfrac{13}{18} \div \dfrac{5}{18} = 13 \div 5 = \dfrac{13}{5} = 2\dfrac{3}{5}$,

㉢ $\dfrac{17}{20} \div \dfrac{9}{20} = 17 \div 9 = \dfrac{17}{9} = 1\dfrac{8}{9}$

➡ $3\dfrac{2}{3} > 2\dfrac{3}{5} > 1\dfrac{8}{9}$이므로 ㉠>㉡>㉢입니다.

06 (세로)=(직사각형의 넓이)÷(가로)

$= \dfrac{9}{10} \div \dfrac{7}{10} = 9 \div 7 = \dfrac{9}{7} = 1\dfrac{2}{7}$ (m)

07 $\dfrac{15}{16} \div \dfrac{3}{16} = 15 \div 3 = 5$(명)

11쪽

08 (1) $\dfrac{5}{6} \div \dfrac{5}{12} = \dfrac{10}{12} \div \dfrac{5}{12} = 10 \div 5 = 2$

(2) $\dfrac{3}{8} \div \dfrac{7}{10} = \dfrac{15}{40} \div \dfrac{28}{40} = 15 \div 28 = \dfrac{15}{28}$

09 $\dfrac{8}{9} \div \dfrac{2}{3} = \dfrac{8}{9} \div \dfrac{6}{9} = 8 \div 6 = \dfrac{8}{6} = \dfrac{4}{3} = 1\dfrac{1}{3}$,

$\dfrac{3}{8} \div \dfrac{3}{16} = \dfrac{6}{16} \div \dfrac{3}{16} = 6 \div 3 = 2$

10 분모가 같은 분수로 바꾸지 않고 계산했습니다.

11 $\dfrac{4}{5} \div \dfrac{3}{8} = \dfrac{32}{40} \div \dfrac{15}{40} = 32 \div 15 = \dfrac{32}{15} = 2\dfrac{2}{15}$,

$\dfrac{6}{7} \div \dfrac{5}{9} = \dfrac{54}{63} \div \dfrac{35}{63} = 54 \div 35 = \dfrac{54}{35} = 1\dfrac{19}{35}$

➡ $2\dfrac{2}{15} > 1\dfrac{19}{35}$

12 ㉠ $\dfrac{3}{10} \div \dfrac{3}{20} = \dfrac{6}{20} \div \dfrac{3}{20} = 6 \div 3 = 2$,

㉡ $\dfrac{10}{11} \div \dfrac{5}{22} = \dfrac{20}{22} \div \dfrac{5}{22} = 20 \div 5 = 4$

➡ 2보다 크고 4보다 작은 자연수는 3입니다.

13 $\dfrac{7}{9} = \dfrac{49}{63}$, $\dfrac{5}{7} = \dfrac{45}{63}$이므로 $\dfrac{7}{9} > \dfrac{5}{7}$입니다.

➡ $\dfrac{7}{9} \div \dfrac{5}{7} = \dfrac{49}{63} \div \dfrac{45}{63} = 49 \div 45 = \dfrac{49}{45} = 1\dfrac{4}{45}$

14 $\dfrac{5}{8} \div \dfrac{\square}{48} = \dfrac{30}{48} \div \dfrac{\square}{48} = 30 \div \square$

➡ $30 \div \square = 10$, $\square = 3$

15 $\dfrac{7}{10} \div \dfrac{2}{5} = \dfrac{7}{10} \div \dfrac{4}{10} = 7 \div 4 = \dfrac{7}{4} = 1\dfrac{3}{4}$(배)

12쪽

16 (1) $13 \div \dfrac{1}{5} = 13 \times 5 = 65$

(2) $16 \div \dfrac{4}{9} = 16 \div 4 \times 9 = 36$

17 $9 \div \dfrac{3}{8} = 9 \div 3 \times 8 = 24$,

$12 \div \dfrac{6}{11} = 12 \div 6 \times 11 = 22$,

$18 \div \dfrac{9}{10} = 18 \div 9 \times 10 = 20$

18 $7 > \dfrac{4}{9} > \dfrac{1}{9}$ ➡ $7 \div \dfrac{1}{9} = 7 \times 9 = 63$

19 $10 \div \dfrac{5}{9} = 10 \div 5 \times 9 = 18$,

$12 \div \dfrac{4}{5} = 12 \div 4 \times 5 = 15$

➡ $18 > 15$

20 $4 \div \dfrac{2}{3} = 4 \div 2 \times 3 = 6$

➡ $6 > \square$이므로 $\square$ 안에 들어갈 수 있는 가장 큰 자연수는 5입니다.

21 $15 \div \dfrac{5}{\square} = 15 \div 5 \times \square = 3 \times \square$

➡ $3 \times \square = 18$, $\square = 6$

22 $20 \div \dfrac{1}{2} = 20 \times 2 = 40$(개)

13쪽

23 (1) $\div \dfrac{6}{7}$을 $\times \dfrac{7}{6}$로 바꾸어 계산합니다.

(2) $\div \dfrac{2}{9}$를 $\times \dfrac{9}{2}$로 바꾸어 계산합니다.

24 $\dfrac{8}{9} \div \dfrac{2}{3} = \dfrac{\overset{4}{\cancel{8}}}{\cancel{9}} \times \dfrac{\overset{1}{\cancel{3}}}{\cancel{2}} = \dfrac{4}{3} = 1\dfrac{1}{3}$

25 $\div \dfrac{3}{4}$을 $\times \dfrac{4}{3}$로 바꾸어 계산해야 하는데 $\div$를 $\times$로만 바꾸어 계산했습니다.

26 $\dfrac{5}{12} \div \dfrac{4}{9} = \dfrac{5}{\cancel{12}_4} \times \dfrac{\cancel{9}^3}{4} = \dfrac{15}{16}$,

$\dfrac{9}{10} \div \dfrac{5}{6} = \dfrac{9}{\cancel{10}_5} \times \dfrac{\cancel{6}^3}{5} = \dfrac{27}{25} = 1\dfrac{2}{25}$

➡ $\dfrac{15}{16} < 1\dfrac{2}{25}$

27 $\dfrac{3}{5} \div \dfrac{2}{3} = \dfrac{3}{5} \times \dfrac{3}{2} = \dfrac{9}{10}$,

$\dfrac{9}{10} \div \dfrac{5}{7} = \dfrac{9}{10} \times \dfrac{7}{5} = \dfrac{63}{50} = 1\dfrac{13}{50}$

28 ㉠ $\dfrac{5}{8} \div \dfrac{7}{12} = \dfrac{5}{\cancel{8}_2} \times \dfrac{\cancel{12}^3}{7} = \dfrac{15}{14} = 1\dfrac{1}{14} > 1$,

㉡ $\dfrac{2}{3} \div \dfrac{3}{5} = \dfrac{2}{3} \times \dfrac{5}{3} = \dfrac{10}{9} = 1\dfrac{1}{9} > 1$,

㉢ $\dfrac{2}{5} \div \dfrac{4}{7} = \dfrac{2}{5} \times \dfrac{7}{\cancel{4}_2} = \dfrac{7}{10} < 1$

29 $\square = \dfrac{2}{9} \div \dfrac{6}{7} = \dfrac{2}{9} \times \dfrac{7}{\cancel{6}_3} = \dfrac{7}{27}$

30 $\dfrac{9}{14} \div \dfrac{5}{8} = \dfrac{9}{\cancel{14}_7} \times \dfrac{\cancel{8}^4}{5} = \dfrac{36}{35} = 1\dfrac{1}{35}$ (kg)

14쪽

31 (1) $1\dfrac{3}{5} \div 1\dfrac{2}{9} = \dfrac{8}{5} \div \dfrac{11}{9} = \dfrac{8}{5} \times \dfrac{9}{11} = \dfrac{72}{55} = 1\dfrac{17}{55}$

(2) $2\dfrac{1}{4} \div 1\dfrac{1}{3} = \dfrac{9}{4} \div \dfrac{4}{3} = \dfrac{9}{4} \times \dfrac{3}{4} = \dfrac{27}{16} = 1\dfrac{11}{16}$

32 분모가 같은 분수로 바꾸어 계산하거나 또는 분수의 곱셈으로 나타내어 계산합니다.

33 $3\dfrac{3}{4} \div \dfrac{3}{8} = \dfrac{15}{4} \div \dfrac{3}{8} = \dfrac{\cancel{15}^5}{\cancel{4}_1} \times \dfrac{\cancel{8}^2}{\cancel{3}_1} = 10$,

$2\dfrac{1}{3} \div \dfrac{6}{7} = \dfrac{7}{3} \div \dfrac{6}{7} = \dfrac{7}{3} \times \dfrac{7}{6} = \dfrac{49}{18} = 2\dfrac{13}{18}$

34 대분수를 가분수로 바꾸지 않고 계산했습니다.

35 $3\dfrac{4}{7} \div 1\dfrac{7}{8} = \dfrac{25}{7} \div \dfrac{15}{8} = \dfrac{\cancel{25}^5}{7} \times \dfrac{8}{\cancel{15}_3} = \dfrac{40}{21} = 1\dfrac{19}{21}$,

$2\dfrac{6}{7} \div 1\dfrac{1}{4} = \dfrac{20}{7} \div \dfrac{5}{4} = \dfrac{\cancel{20}^4}{7} \times \dfrac{4}{\cancel{5}_1} = \dfrac{16}{7} = 2\dfrac{2}{7}$

➡ $1\dfrac{19}{21} < 2\dfrac{2}{7}$

36 $4\dfrac{1}{6} \div \dfrac{4}{9} = \dfrac{25}{6} \div \dfrac{4}{9} = \dfrac{25}{\cancel{6}_2} \times \dfrac{\cancel{9}^3}{4} = \dfrac{75}{8} = 9\dfrac{3}{8}$

➡ $\square < 9\dfrac{3}{8}$이므로 $\square$ 안에 들어갈 수 있는 가장 큰 자연수는 9입니다.

37 (높이)=(평행사변형의 넓이)÷(밑변의 길이)

$= 8\dfrac{1}{10} \div 5\dfrac{2}{5} = \dfrac{81}{10} \div \dfrac{27}{5} = \dfrac{\cancel{81}^3}{\cancel{10}_2} \times \dfrac{\cancel{5}^1}{\cancel{27}_1}$

$= \dfrac{3}{2} = 1\dfrac{1}{2}$ (cm)

15쪽

38 ㉠ $\dfrac{1}{6}$, ㉡ $\dfrac{1}{9}$

➡ ㉠÷㉡ $= \dfrac{1}{6} \div \dfrac{1}{9} = \dfrac{1}{\cancel{6}_2} \times \cancel{9}^3 = \dfrac{3}{2} = 1\dfrac{1}{2}$

39 ㉠ $\dfrac{3}{4}$, ㉡ $\dfrac{6}{7}$

➡ ㉠÷㉡ $= \dfrac{3}{4} \div \dfrac{6}{7} = \dfrac{\cancel{3}^1}{4} \times \dfrac{7}{\cancel{6}_2} = \dfrac{7}{8}$

40 ㉠ $1\dfrac{1}{3}$, ㉡ $1\dfrac{1}{5}$

➡ ㉠÷㉡ $= 1\dfrac{1}{3} \div 1\dfrac{1}{5} = \dfrac{4}{3} \div \dfrac{6}{5} = \dfrac{\cancel{4}^2}{3} \times \dfrac{5}{\cancel{6}_3}$

$= \dfrac{10}{9} = 1\dfrac{1}{9}$

왜 틀렸을까? 분모가 각각 3과 5인 대분수 중 가장 작은 수는 $1\dfrac{1}{3}$과 $1\dfrac{1}{5}$이라는 것을 몰랐습니다.

41 $1\dfrac{1}{2} \div \dfrac{2}{5} = \dfrac{3}{2} \div \dfrac{2}{5} = \dfrac{3}{2} \times \dfrac{5}{2} = \dfrac{15}{4} = 3\dfrac{3}{4}$이므로 3개까지 만들 수 있습니다.

42 $4 \div \dfrac{6}{7} = \cancel{4}^2 \times \dfrac{7}{\cancel{6}_3} = \dfrac{14}{3} = 4\dfrac{2}{3}$이므로 4명까지 나누어 줄 수 있습니다.

43 $6\dfrac{7}{8} \div \dfrac{5}{6} = \dfrac{55}{8} \div \dfrac{5}{6} = \dfrac{\cancel{55}^{11}}{\cancel{8}_4} \times \dfrac{\cancel{6}^3}{\cancel{5}_1} = \dfrac{33}{4} = 8\dfrac{1}{4}$이므로 적어도 $8+1=9$(번) 덜어 내야 합니다.

왜 틀렸을까? 덜어 내야 하는 횟수는 나눗셈의 몫인 $8\dfrac{1}{4}$보다 큰 자연수 중 가장 작은 수라는 것을 몰랐습니다.

1. 분수의 나눗셈 **5**

2단계 서술형 유형
16~17쪽

1-1 $20, 21, <, \dfrac{5}{9}, \dfrac{7}{12}, 20, 21, 20, 21, \dfrac{20}{21}$; $\dfrac{20}{21}$

1-2 예 $\dfrac{9}{10}=\dfrac{27}{30}$, $\dfrac{13}{15}=\dfrac{26}{30}$이므로 $\dfrac{9}{10}>\dfrac{13}{15}$입니다.

➡ $\dfrac{9}{10}\div\dfrac{13}{15}=\dfrac{27}{30}\div\dfrac{26}{30}=27\div26=\dfrac{27}{26}=1\dfrac{1}{26}$

; $1\dfrac{1}{26}$

2-1 $7, 28, ㉠, 28, ㉠, 6$; 6

2-2 예 $7\div\dfrac{1}{6}=7\times6=42$, $8\div\dfrac{1}{㉠}=8\times㉠$이므로

$42>8\times㉠$입니다.

따라서 ㉠이 될 수 있는 가장 큰 자연수는 5입니다.

; 5

3-1 $8\dfrac{2}{5}, 8\dfrac{2}{5}, \dfrac{42}{5}, 42, 2, 21$; 21

3-2 예 가장 작은 대분수: $3\dfrac{5}{9}$

➡ $3\dfrac{5}{9}\div\dfrac{8}{9}=\dfrac{32}{9}\div\dfrac{8}{9}=32\div8=4$; 4

4-1 $8, 8, 8, 4, 7, 14$; 14

4-2 예 (전체 주스의 양)$=1\dfrac{1}{4}\times8=\dfrac{5}{\cancel{4}}\times\cancel{8}^{2}=10$ (L)

따라서 마실 수 있는 사람의 수는

$10\div\dfrac{5}{6}=10\div5\times6=12$(명)입니다. ; 12명

16쪽

1-2 서술형 가이드 두 수의 크기를 비교한 후 큰 수를 작은 수로 나눈 몫을 구하는 풀이 과정이 들어 있어야 합니다.

채점 기준

상	두 수의 크기를 비교한 후 큰 수를 작은 수로 나눈 몫을 바르게 구함.
중	두 수의 크기는 비교했지만 큰 수를 작은 수로 나눈 몫을 구하는 과정에서 실수하여 답이 틀림.
하	두 수의 크기를 비교하지 못하여 답을 구하지 못함.

2-2 서술형 가이드 (자연수)÷(분수)를 계산한 후 조건에 맞는 수를 구하는 풀이 과정이 들어 있어야 합니다.

채점 기준

상	(자연수)÷(분수)를 계산한 후 조건에 맞는 수를 바르게 구함.
중	(자연수)÷(분수)는 계산했지만 조건에 맞는 수를 구하는 과정에서 실수하여 답이 틀림.
하	(자연수)÷(분수)를 계산하지 못하여 답을 구하지 못함.

17쪽

3-1 가장 큰 대분수는 자연수 부분에 가장 큰 수인 8을 놓고 나머지 2, 5로 진분수를 만들면 $8\dfrac{2}{5}$입니다.

3-2 가장 작은 대분수는 자연수 부분에 가장 작은 수인 3을 놓고 나머지 5, 9로 진분수를 만들면 $3\dfrac{5}{9}$입니다.

서술형 가이드 가장 작은 대분수를 만든 후 이 수를 $\dfrac{8}{9}$로 나눈 몫을 구하는 풀이 과정이 들어 있어야 합니다.

채점 기준

상	가장 작은 대분수를 만든 후 이 수를 $\dfrac{8}{9}$로 나눈 몫을 바르게 구함.
중	가장 작은 대분수는 만들었지만 이 수를 $\dfrac{8}{9}$로 나눈 몫을 구하는 과정에서 실수하여 답이 틀림.
하	가장 작은 대분수를 만들지 못하여 답을 구하지 못함.

4-2 서술형 가이드 전체 주스의 양을 구한 후 이 양을 한 사람이 마시는 양으로 나눈 몫을 구하는 풀이 과정이 들어 있어야 합니다.

채점 기준

상	전체 주스의 양을 구한 후 이 양을 한 사람이 마시는 양으로 나눈 몫을 바르게 구함.
중	전체 주스의 양은 구했지만 이 양을 한 사람이 마시는 양으로 나눈 몫을 구하는 과정에서 실수하여 답이 틀림.
하	전체 주스의 양을 구하지 못하여 답을 구하지 못함.

3단계 유형 평가
18~20쪽

01 $3\dfrac{1}{4}$

02 ㉢, ㉡, ㉠

03 6

04 $1\dfrac{1}{20}$배

05 <

06 48개

07 (1) $\dfrac{2}{5}\div\dfrac{3}{4}=\dfrac{2}{5}\times\dfrac{4}{3}=\dfrac{8}{15}$

(2) $\dfrac{6}{7}\div\dfrac{5}{8}=\dfrac{6}{7}\times\dfrac{8}{5}=\dfrac{48}{35}=1\dfrac{13}{35}$

08 $1\dfrac{13}{23}$

09 ㉡

10 $\dfrac{16}{39}$

11 예 $1\dfrac{2}{3}\div\dfrac{3}{4}=\dfrac{5}{3}\div\dfrac{3}{4}=\dfrac{20}{12}\div\dfrac{9}{12}=20\div9$

$=\dfrac{20}{9}=2\dfrac{2}{9}$

예 $1\dfrac{2}{3}\div\dfrac{3}{4}=\dfrac{5}{3}\div\dfrac{3}{4}=\dfrac{5}{3}\times\dfrac{4}{3}=\dfrac{20}{9}=2\dfrac{2}{9}$

12 ( )(○) 13 13

14 $1\frac{3}{5}$ cm 15 $\frac{9}{10}$

16 16명 17 $1\frac{1}{54}$

18 25번

19 예 $\frac{7}{9}=\frac{35}{45}$, $\frac{11}{15}=\frac{33}{45}$이므로 $\frac{7}{9}>\frac{11}{15}$입니다.

➡ $\frac{11}{15}\div\frac{7}{9}=\frac{33}{45}\div\frac{35}{45}=33\div35=\frac{33}{35}$; $\frac{33}{35}$

20 예 가장 큰 대분수: $9\frac{5}{7}$

➡ $9\frac{5}{7}\div\frac{4}{7}=\frac{68}{7}\div\frac{4}{7}=68\div4=17$; 17

18쪽

01 $\frac{13}{17}>\frac{9}{17}>\frac{4}{17}$ ➡ $\frac{13}{17}\div\frac{4}{17}=13\div4=\frac{13}{4}=3\frac{1}{4}$

02 ㉠ $\frac{7}{12}\div\frac{5}{12}=7\div5=\frac{7}{5}=1\frac{2}{5}$,

㉡ $\frac{11}{15}\div\frac{4}{15}=11\div4=\frac{11}{4}=2\frac{3}{4}$,

㉢ $\frac{10}{19}\div\frac{3}{19}=10\div3=\frac{10}{3}=3\frac{1}{3}$

➡ $3\frac{1}{3}>2\frac{3}{4}>1\frac{2}{5}$이므로 ㉢>㉡>㉠입니다.

03 $\frac{4}{5}\div\frac{\square}{15}=\frac{12}{15}\div\frac{\square}{15}=12\div\square$

➡ $12\div\square=2$, $\square=6$

04 $\frac{7}{8}\div\frac{5}{6}=\frac{21}{24}\div\frac{20}{24}=21\div20=\frac{21}{20}=1\frac{1}{20}$(배)

05 $14\div\frac{7}{13}=14\div7\times13=26$,

$24\div\frac{8}{11}=24\div8\times11=33$

➡ $26<33$

06 $16\div\frac{1}{3}=16\times3=48$(개)

07 (1) $\div\frac{3}{4}$을 $\times\frac{4}{3}$로 바꾸어 계산합니다.

(2) $\div\frac{5}{8}$를 $\times\frac{8}{5}$로 바꾸어 계산합니다.

08 $\frac{15}{23}\div\frac{5}{12}=\frac{15}{23}\times\frac{12}{5}=\frac{36}{23}=1\frac{13}{23}$

19쪽

09 ㉠ $\frac{8}{9}\div\frac{2}{3}=\frac{8}{9}\times\frac{3}{2}=\frac{4}{3}=1\frac{1}{3}>1$,

㉡ $\frac{3}{4}\div\frac{6}{7}=\frac{3}{4}\times\frac{7}{6}=\frac{7}{8}<1$,

㉢ $\frac{7}{12}\div\frac{3}{10}=\frac{7}{12}\times\frac{10}{3}=\frac{35}{18}=1\frac{17}{18}>1$

10 $\square=\frac{8}{21}\div\frac{13}{14}=\frac{8}{21}\times\frac{14}{13}=\frac{16}{39}$

11 분모가 같은 분수로 바꾸어 계산하거나 또는 분수의 곱셈으로 나타내어 계산합니다.

12 $5\frac{1}{3}\div\frac{4}{5}=\frac{16}{3}\div\frac{4}{5}=\frac{16}{3}\times\frac{5}{4}=\frac{20}{3}=6\frac{2}{3}$,

$4\frac{1}{2}\div\frac{3}{4}=\frac{9}{2}\div\frac{3}{4}=\frac{9}{2}\times\frac{4}{3}=6$

13 $7\frac{1}{2}\div\frac{6}{11}=\frac{15}{2}\div\frac{6}{11}=\frac{15}{2}\times\frac{11}{6}=\frac{55}{4}=13\frac{3}{4}$

➡ $\square<13\frac{3}{4}$이므로 $\square$ 안에 들어갈 수 있는 가장 큰 자연수는 13입니다.

14 (높이)=(평행사변형의 넓이)÷(밑변의 길이)

$=4\frac{1}{5}\div2\frac{5}{8}=\frac{21}{5}\div\frac{21}{8}=\frac{21}{5}\times\frac{8}{21}$

$=\frac{8}{5}=1\frac{3}{5}$ (cm)

20쪽

15 ㉠ $\frac{4}{5}$, ㉡ $\frac{8}{9}$

➡ ㉠÷㉡$=\frac{4}{5}\div\frac{8}{9}=\frac{4}{5}\times\frac{9}{8}=\frac{9}{10}$

16 $12\div\frac{8}{11}=12\times\frac{11}{8}=\frac{33}{2}=16\frac{1}{2}$이므로 16명까지 나누어 줄 수 있습니다.

17 ㉠ $1\frac{1}{9}$, ㉡ $1\frac{1}{11}$

➡ ㉠÷㉡ $=1\frac{1}{9}÷1\frac{1}{11}=\frac{10}{9}÷\frac{12}{11}=\frac{\overset{5}{\cancel{10}}}{9}×\frac{11}{\underset{6}{\cancel{12}}}$

$=\frac{55}{54}=1\frac{1}{54}$

왜 틀렸을까? 분모가 각각 9와 11인 대분수 중 가장 작은 수는 $1\frac{1}{9}$과 $1\frac{1}{11}$이라는 것을 몰랐습니다.

18 $10\frac{4}{5}÷\frac{4}{9}=\frac{54}{5}÷\frac{4}{9}=\frac{\overset{27}{\cancel{54}}}{5}×\frac{9}{\underset{2}{\cancel{4}}}=\frac{243}{10}=24\frac{3}{10}$이

므로 적어도 $24+1=25$(번) 덜어 내야 합니다.

왜 틀렸을까? 덜어 내야 하는 횟수는 나눗셈의 몫인 $24\frac{3}{10}$ 보다 큰 자연수 중 가장 작은 수라는 것을 몰랐습니다.

19 **서술형 가이드** 두 수의 크기를 비교한 후 작은 수를 큰 수로 나눈 몫을 구하는 풀이 과정이 들어 있어야 합니다.

채점 기준

상	두 수의 크기를 비교한 후 작은 수를 큰 수로 나눈 몫을 바르게 구함.
중	두 수의 크기는 비교했지만 작은 수를 큰 수로 나눈 몫을 구하는 과정에서 실수하여 답이 틀림.
하	두 수의 크기를 비교하지 못하여 답을 구하지 못함.

20 가장 큰 대분수는 자연수 부분에 가장 큰 수인 9를 놓고 나머지 5, 7로 진분수를 만들면 $9\frac{5}{7}$입니다.

서술형 가이드 가장 큰 대분수를 만든 후 이 수를 $\frac{4}{7}$로 나눈 몫을 구하는 풀이 과정이 들어 있어야 합니다.

채점 기준

상	가장 큰 대분수를 만든 후 이 수를 $\frac{4}{7}$로 나눈 몫을 바르게 구함.
중	가장 큰 대분수는 만들었지만 이 수를 $\frac{4}{7}$로 나눈 몫을 구하는 과정에서 실수하여 답이 틀림.
하	가장 큰 대분수를 만들지 못하여 답을 구하지 못함.

3 단계 **단원 평가** 기본 **21~22쪽**

01 4, 2, 4, 2, 2 **02** 5, 7, 5, 7, $\frac{5}{7}$

03 9, 20

04 $4÷\frac{3}{8}=\frac{32}{8}÷\frac{3}{8}=32÷3=\frac{32}{3}=10\frac{2}{3}$

05 $\frac{5}{7}÷\frac{4}{5}=\frac{5}{7}×\frac{5}{4}=\frac{25}{28}$

06 $\frac{7}{8}÷\frac{4}{9}=\frac{7}{8}×\frac{9}{4}=\frac{63}{32}=1\frac{31}{32}$

07 $3\frac{1}{2}$ **08** 48

09 ㉡ **10** <

11 $1\frac{5}{46}$ **12** ㉢

13 3, 2, 1 **14** 8번

15 9600원 **16** $\frac{14}{15}$ kg

17 $2\frac{4}{5}$ m **18** $1\frac{2}{3}, 3\frac{1}{5}$; $\frac{25}{48}$

19 정육각형 **20** 45명

21 쪽

03 $\frac{3}{8}=\frac{3×3}{8×3}=\frac{9}{24}$, $\frac{5}{6}=\frac{5×4}{6×4}=\frac{20}{24}$

➡ ㉠=9, ㉡=20

04 자연수를 나누는 분수와 분모가 같은 가분수로 바꾼 후 분자끼리 나눕니다.

05 $÷\frac{4}{5}$를 $×\frac{5}{4}$로 바꾸어 계산합니다.

06 $÷\frac{4}{9}$를 $×\frac{9}{4}$로 바꾸어 계산합니다.

07 $2\frac{5}{8}÷\frac{3}{4}=\frac{21}{8}÷\frac{3}{4}=\frac{\overset{7}{\cancel{21}}}{\underset{2}{\cancel{8}}}×\frac{\overset{1}{\cancel{4}}}{\underset{1}{\cancel{3}}}=\frac{7}{2}=3\frac{1}{2}$

08 $6>\frac{5}{8}>\frac{1}{8}$ ➡ $6÷\frac{1}{8}=6×8=48$

09 ㉠ $\frac{6}{7}÷\frac{3}{14}=\frac{12}{14}÷\frac{3}{14}=12÷3=4$,

㉡ $\frac{4}{5}÷\frac{4}{15}=\frac{12}{15}÷\frac{4}{15}=12÷4=3$,

㉢ $\frac{2}{9}÷\frac{1}{18}=\frac{4}{18}÷\frac{1}{18}=4÷1=4$

10 $\frac{3}{4}÷\frac{2}{5}=\frac{3}{4}×\frac{5}{2}=\frac{15}{8}=1\frac{7}{8}$,

$1\frac{3}{8}÷\frac{4}{7}=\frac{11}{8}÷\frac{4}{7}=\frac{11}{8}×\frac{7}{4}=\frac{77}{32}=2\frac{13}{32}$

➡ $1\frac{7}{8}<2\frac{13}{32}$

11 $\dfrac{17}{20}=\dfrac{51}{60}$, $\dfrac{23}{30}=\dfrac{46}{60}$이므로 $\dfrac{17}{20}>\dfrac{23}{30}$입니다.

➡ $\dfrac{17}{20}\div\dfrac{23}{30}=\dfrac{51}{60}\div\dfrac{46}{60}=51\div46=\dfrac{51}{46}=1\dfrac{5}{46}$

22쪽

12 ㉠ $\square\times4=20$, $\square=5$, ㉡ $2\times\square=10$, $\square=5$,
㉢ $\square\times7=35$, $\square=5$, ㉣ $9\times\square=54$, $\square=6$

13 $2\dfrac{1}{4}\div\dfrac{5}{7}=\dfrac{9}{4}\div\dfrac{5}{7}=\dfrac{9}{4}\times\dfrac{7}{5}=\dfrac{63}{20}=3\dfrac{3}{20}$,

$2\dfrac{3}{5}\div\dfrac{5}{8}=\dfrac{13}{5}\div\dfrac{5}{8}=\dfrac{13}{5}\times\dfrac{8}{5}=\dfrac{104}{25}=4\dfrac{4}{25}$,

$2\dfrac{8}{9}\div\dfrac{1}{2}=\dfrac{26}{9}\div\dfrac{1}{2}=\dfrac{26}{9}\times2=\dfrac{52}{9}=5\dfrac{7}{9}$

➡ $5\dfrac{7}{9}>4\dfrac{4}{25}>3\dfrac{3}{20}$

14 $\dfrac{8}{9}\div\dfrac{1}{9}=8\div1=8$(번)

15 $6000\div\dfrac{5}{8}=6000\div5\times8=9600$(원)

16 $\dfrac{7}{10}\div\dfrac{3}{4}=\dfrac{7}{\overset{}{\underset{5}{10}}}\times\dfrac{\overset{2}{4}}{3}=\dfrac{14}{15}$ (kg)

17 (가로)=(직사각형의 넓이)÷(세로)

$=2\dfrac{2}{5}\div\dfrac{6}{7}=\dfrac{12}{5}\div\dfrac{6}{7}=\dfrac{\overset{2}{12}}{5}\times\dfrac{7}{\overset{6}{1}}$

$=\dfrac{14}{5}=2\dfrac{4}{5}$ (m)

18 계산 결과가 가장 작으려면 나누어지는 수를 가장 작 게, 나누는 수를 가장 크게 해야 합니다.

➡ $1\dfrac{2}{3}\div3\dfrac{1}{5}=\dfrac{5}{3}\div\dfrac{16}{5}=\dfrac{5}{3}\times\dfrac{5}{16}=\dfrac{25}{48}$

19 (만든 정다각형의 변의 수)
=(철사의 전체 길이)÷(정다각형의 한 변의 길이)

$=7\dfrac{1}{2}\div1\dfrac{1}{4}=\dfrac{15}{2}\div\dfrac{5}{4}=\dfrac{\overset{3}{15}}{\underset{1}{2}}\times\dfrac{\overset{2}{4}}{\underset{1}{5}}=6$

따라서 만든 정다각형은 변의 수가 6개인 정육각형입 니다.

20 (전체 주스의 양)$=1\dfrac{1}{2}\times12=\dfrac{3}{\underset{1}{2}}\times\overset{6}{12}=18$ (L)

따라서 마실 수 있는 사람의 수는

$18\div\dfrac{2}{5}=18\div2\times5=45$(명)입니다.

2 소수의 나눗셈

1-1 (1) 51, 3, 17, 17   **1-2** (1) 84, 12, 7, 7

     (2) 434, 7, 62, 62   (2) 856, 107, 8, 8

2-1 (1) 5.3   (2) 4.5   **2-2** (1) 3.5   (2) 2.4

     (3) 14   (4) 15   (3) 3.2   (4) 75

                        (5) 12   (6) 40

01 18, 13   **02** 14, 27

03 4, 4, 9   **04** 13, 13, 6

05 12, 12, 57   **06** 216, 216, 4

07 (위에서부터) 4, 1, 0, 8

08 (위에서부터) 8, 1, 6, 4, 6, 4

09 (위에서부터) 5, 3, 5

10 (위에서부터) 3, 1, 9, 2, 1, 9

11 (위에서부터) 7, 2, 6, 6

12 (위에서부터) 6, 4, 9, 9, 4, 2, 9, 4

13 (위에서부터) 10, 6.7, 6.7, 10

14 (위에서부터) 100, 1.8, 1.8, 100

15 70, 70, 5   **16** 150, 150, 6

17 400, 400, 25   **18** 8400, 8400, 240

19 (위에서부터) 3, 9, 6, 3, 6

20 (위에서부터) 2, 8, 4

21 (위에서부터) 5, 2, 2, 1, 1, 0

22 (위에서부터) 4, 5, 0, 0   **23** (1) 4.7   (2) 4.67

24 (1) 6.4   (2) 6.43

26쪽

01~02 소수의 나눗셈을 자연수의 나눗셈으로 바꾸어 계 산합니다.

03~04 분모가 10인 분수로 바꾸어 계산합니다.

05~06 분모가 100인 분수로 바꾸어 계산합니다.

3 공간과 입체

43쪽

1 단계 **기초 문제**

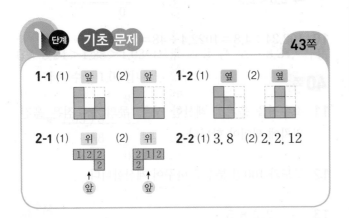

1-1 (1) 앞 (2) 앞 | 1-2 (1) 옆 (2) 옆

2-1 (1) 위 (2) 위 | 2-2 (1) 3, 8 (2) 2, 2, 12

1 단계 **기본 문제**

44~45쪽

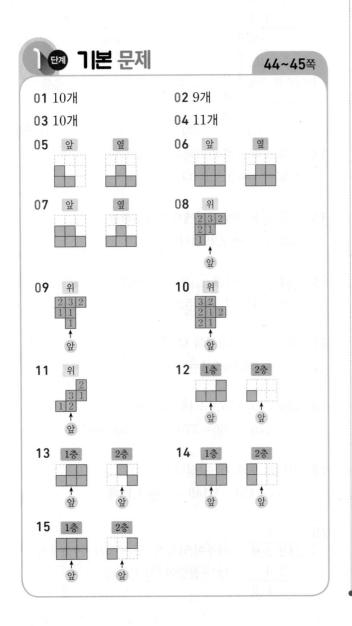

01 10개
02 9개
03 10개
04 11개

05 앞 옆

06 앞 옆

07 앞 옆

08 위
2 3 2
2 3 1
1
↑ 앞

09 위
2 3 2
1 1 1
1
↑ 앞

10 위
3 2 1
2 1 2
1
↑ 앞

11 위
2 1
3 1
1 2
↑ 앞

12 1층 2층

13 1층 2층

14 1층 2층

15 1층 2층

44쪽

01 위에서 본 모양을 보면 뒤에 보이지 않는 쌓기나무가 없습니다.
1층에 6개, 2층에 3개, 3층에 1개이므로
6+3+1=10(개)가 필요합니다.

02 위에서 본 모양을 보면 뒤에 보이지 않는 쌓기나무가 없습니다.
1층에 5개, 2층에 3개, 3층에 1개이므로
5+3+1=9(개)가 필요합니다.

03 위에서 본 모양을 보면 뒤에 보이지 않는 쌓기나무가 없습니다.
1층에 6개, 2층에 4개이므로 6+4=10(개)가 필요합니다.

04 위에서 본 모양을 보면 뒤에 보이지 않는 쌓기나무가 없습니다.
1층에 6개, 2층에 4개, 3층에 1개이므로 주어진 모양과 똑같이 쌓는 데 쌓기나무 6+4+1=11(개)가 필요합니다.

05 위에서 본 모양을 보면 뒤에 보이지 않는 쌓기나무가 없습니다.
앞에서 보면 왼쪽에서부터 2층, 1층으로 보입니다.
옆에서 보면 왼쪽에서부터 1층, 2층, 1층으로 보입니다.

06 위에서 본 모양을 보면 뒤에 보이지 않는 쌓기나무가 없습니다.
앞에서 보면 왼쪽에서부터 2층, 2층, 2층으로 보입니다.
옆에서 보면 왼쪽에서부터 1층, 2층, 2층으로 보입니다.

07 위에서 본 모양을 보면 뒤에 보이지 않는 쌓기나무가 없습니다.
앞에서 보면 왼쪽에서부터 2층, 2층, 1층으로 보입니다.
옆에서 보면 왼쪽에서부터 1층, 2층, 1층으로 보입니다.

45쪽

08~11 위에서 본 모양의 각 자리에 쌓인 쌓기나무의 개수를 세어 위에서 본 모양에 수를 씁니다.

12 1층에는 쌓기나무 4개가 와 같은 모양으로 있습니다.
쌓인 모양을 보고 2층에 쌓기나무 1개를 위치에 맞게 그립니다.

13 1층에는 쌓기나무 5개가 와 같은 모양으로 있습니다.
쌓인 모양을 보고 2층에 쌓기나무 2개를 위치에 맞게 그립니다.

14 1층에는 쌓기나무 5개가 와 같은 모양으로 있습니다.
쌓인 모양을 보고 2층에 쌓기나무 2개를 위치에 맞게 그립니다.

15 1층에는 쌓기나무 6개가 와 같은 모양으로 있습니다.
쌓인 모양을 보고 2층에 쌓기나무 2개를 위치에 맞게 그립니다.

2단계 기본유형 46~51쪽

01 (○)( ) **02** ㉮
03 ② **04** ㉡
05 다 **06** (○)( )
07 **08** 12개
09 13개 **10** 앞, 위, 옆
11 **12**
13 **14**

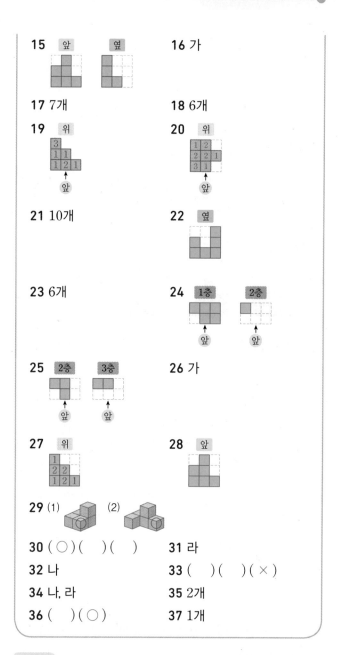

15 16 가
17 7개 18 6개
19 20
21 10개 22
23 6개 24
25 26 가
27 28
29 (1) (2)
30 (○)( )( ) **31** 라
32 나 **33** ( )( )(×)
34 나, 라 **35** 2개
36 ( )(○) **37** 1개

46쪽

01 화살표 방향에서 찍으면 건물의 오른쪽 면이 보여야 합니다.

02 강아지의 얼굴이 모두 보이게 찍으려면 ㉮에서 찍어야 합니다.

03 오각기둥의 밑면이 오각형이므로 오각형 모양이 나오려면 ②에서 찍어야 합니다.

04 모양을 위에서 보면 왼쪽에서부터 각각 사각형과 원이 보입니다.
➡
따라서 위에서 본 모양은 ㉡입니다.

82쪽

01 ⑴ (정육각형의 둘레)$=1\times6=6$ (cm)
⑵ (정사각형의 둘레)$=2\times4=8$ (cm)

02 원주는 정육각형의 둘레보다 길고 정사각형의 둘레보다 짧으므로 6 cm보다 길고 8 cm보다 짧게 그립니다.

03 정육각형의 둘레는 원의 지름의 3배이고 정사각형의 둘레는 원의 지름의 4배입니다.
➡ 원주는 원의 지름의 3배보다 길고 4배보다 짧습니다.

04 원의 지름이 길어지면 원주도 길어집니다.
따라서 지름이 가장 긴 원 나의 원주가 가장 깁니다.

05 ㉠ 원주는 원의 지름의 3배보다 길고 원의 지름의 4배보다 짧습니다.
㉢ 원의 지름이 길어지면 원주도 길어집니다.

06 지름이 2 cm인 원의 원주는 지름의 3배인 6 cm보다 길고 지름의 4배인 8 cm보다 짧으므로 원주와 가장 비슷한 것은 ㉢입니다.

83쪽

07 ㉡ 원의 크기와 상관없이 원주율은 일정합니다.

08 (원주율)$=53.4\div17=3.141\cdots$ ➡ 3.14

09 지름이 24 cm인 원: $74.4\div24=3.1$,
지름이 18 cm인 원: $55.8\div18=3.1$
➡ 두 원의 (원주)$\div$(지름)의 값은 같습니다.

10 (원주)$=12\times3.14=37.68$ (cm)

11 (원의 반지름)$=$(컴퍼스를 벌린 길이)$=7$ cm
➡ (원주)$=7\times2\times3.1=43.4$ (cm)

12 (큰 원의 원주)$=(11+3)\times2\times3=84$ (cm)

84쪽

13 (지름)$=50.24\div3.14=16$ (cm)

14 (반지름)$=74.4\div3.1\div2=12$ (cm)

15 (원주)$=$(끈의 길이)$=42$ cm
➡ (만든 원의 반지름)$=42\div3\div2=7$ (cm)

16 (정사각형 ㅁㅂㅅㅇ의 넓이)
$=16\times16\div2=128$ (cm²)

17 (정사각형 ㄱㄴㄷㄹ의 넓이)$=16\times16=256$ (cm²)

18 원의 넓이는 원 안의 정사각형 ㅁㅂㅅㅇ의 넓이인 128 cm²보다 크고 원 밖의 정사각형 ㄱㄴㄷㄹ의 넓이인 256 cm²보다 작습니다.

19 노란색 모눈의 수: 60개 → 60 cm²,
빨간색 선 안쪽 모눈의 수: 88개 → 88 cm²
➡ 원의 넓이는 노란색 모눈의 넓이인 60 cm²보다 크고 빨간색 선 안쪽 모눈의 넓이인 88 cm²보다 작습니다.

85쪽

20 (원 안의 정사각형의 넓이)
$=20\times20\div2=200$ (cm²),
(원 밖의 정사각형의 넓이)$=20\times20=400$ (cm²)
➡ 원의 넓이는 원 안의 정사각형의 넓이인 200 cm²보다 크고 원 밖의 정사각형의 넓이인 400 cm²보다 작습니다.

21 (원 안의 정육각형의 넓이)
$=$(삼각형 ㄱㅇㄷ의 넓이)$\times6=30\times6=180$ (cm²)

22 (원 밖의 정육각형의 넓이)
$=$(삼각형 ㄹㅇㅂ의 넓이)$\times6=40\times6=240$ (cm²)

23 원의 넓이는 원 안의 정육각형의 넓이인 180 cm²보다 크고 원 밖의 정육각형의 넓이인 240 cm²보다 작습니다.

24 ㉠ cm $=$(원주)$\times\dfrac{1}{2}$
$=5\times2\times3.14\times\dfrac{1}{2}=15.7$ (cm),
㉡ cm $=$(원의 반지름)$=5$ cm

25 (직사각형의 가로)
$=$(원주)$\times\dfrac{1}{2}=10\times2\times3.1\times\dfrac{1}{2}=31$ (cm),
(직사각형의 세로)$=$(원의 반지름)$=10$ cm
➡ (원의 넓이)$=$(직사각형의 넓이)
$=31\times10=310$ (cm²)

26 (직사각형의 가로)$=$(원주)$\times\dfrac{1}{2}$
$=14\times3\times\dfrac{1}{2}=21$ (cm),
(직사각형의 세로)$=$(원의 반지름)
$=14\div2=7$ (cm)
➡ (원의 넓이)$=$(직사각형의 넓이)
$=21\times7=147$ (cm²)

86쪽

27 (원의 넓이)=$9 \times 9 \times 3.14 = 254.34 \,(\text{cm}^2)$

28 (원의 반지름)=(컴퍼스를 벌린 길이)=$5\,\text{cm}$

➡ (원의 넓이)=$5 \times 5 \times 3.1 = 77.5 \,(\text{cm}^2)$

29 접기 전 색종이는 반지름이 $26 \div 2 = 13 \,(\text{cm})$인 원 모양입니다.

➡ (접기 전 색종이의 넓이)
  $= 13 \times 13 \times 3 = 507 \,(\text{cm}^2)$

30 (색칠한 부분의 넓이)
  =(큰 원의 넓이)−(작은 원의 넓이)
  $= 4 \times 4 \times 3 - 2 \times 2 \times 3$
  $= 48 - 12 = 36 \,(\text{cm}^2)$

31 (색칠한 부분의 넓이)
  =(정사각형의 넓이)−(원의 넓이)
  $= 20 \times 20 - 10 \times 10 \times 3.1$
  $= 400 - 310 = 90 \,(\text{cm}^2)$

32 (색칠한 부분의 넓이)
  =(원의 넓이)−(마름모의 넓이)
  $= 6 \times 6 \times 3.14 - 12 \times 12 \div 2$
  $= 113.04 - 72 = 41.04 \,(\text{cm}^2)$

87쪽

33 (접시가 한 바퀴 굴러간 거리)
  =(접시의 원주)=$20 \times 3.14 = 62.8 \,(\text{cm})$

34 (고리가 한 바퀴 굴러간 거리)
  =(고리의 원주)=$14 \times 2 \times 3.1 = 86.8 \,(\text{cm})$

35 (굴렁쇠가 한 바퀴 굴러간 거리)
  =(굴렁쇠의 원주)=$70 \times 3 = 210 \,(\text{cm})$

➡ $100\,\text{cm} = 1\,\text{m}$이므로 $210\,\text{cm} = 2.1\,\text{m}$입니다.

왜 틀렸을까? 굴렁쇠가 굴러간 거리 $210\,\text{cm}$를 m 단위로 정확하게 바꾸지 못했습니다.

36 정사각형 안에 그릴 수 있는 가장 큰 원의 지름은 정사각형의 한 변의 길이와 같으므로
  (원의 반지름)=$16 \div 2 = 8 \,(\text{cm})$입니다.

➡ (원의 넓이)=$8 \times 8 \times 3.14 = 200.96 \,(\text{cm}^2)$

37 정사각형 안에 그릴 수 있는 가장 큰 원의 지름은 정사각형의 한 변의 길이와 같으므로
  (원의 반지름)=$32 \div 4 \div 2 = 4 \,(\text{cm})$입니다.

➡ (원의 넓이)=$4 \times 4 \times 3.1 = 49.6 \,(\text{cm}^2)$

38 직사각형 안에 그릴 수 있는 가장 큰 원의 지름은 길이가 더 짧은 쪽인 직사각형의 가로와 같으므로
  (원의 반지름)=$20 \div 2 = 10 \,(\text{cm})$입니다.

➡ (원의 넓이)=$10 \times 10 \times 3 = 300 \,(\text{cm}^2)$

왜 틀렸을까? 직사각형 안에 그릴 수 있는 가장 큰 원의 지름이 $20\,\text{cm}$라는 것을 몰랐습니다.

2 단계 서술형 유형

1-1 51, 3, 17, 15, 17, 나 ; 나

1-2 예 (원 나의 지름)=$62 \div 3.1 = 20 \,(\text{cm})$
  따라서 원 가와 나의 지름을 비교하면
  $18\,\text{cm} < 20\,\text{cm}$이므로 더 작은 원의 기호는 가입니다.
  ; 가

2-1 3, 24, 3, 36, 24, 36, 60 ; 60

2-2 예 (원 가의 원주)=$16 \times 3.1 = 49.6 \,(\text{cm})$,
  (원 나의 원주)=$10 \times 3.1 = 31 \,(\text{cm})$
  따라서 원주의 차는 $49.6 - 31 = 18.6 \,(\text{cm})$입니다.
  ; $18.6\,\text{cm}$

3-1 3, 75, 75, 10 ; 10

3-2 예 (고리가 한 바퀴 굴러간 거리)
  =(고리의 원주)=$20 \times 3.1 = 62 \,(\text{cm})$
  따라서 고리를 $930 \div 62 = 15$(바퀴) 굴렸습니다.
  ; 15바퀴

4-1 3, 48, 3, 27, 48, 27, 21 ; 21

4-2 예 (원 가의 넓이)=$5 \times 5 \times 3.1 = 77.5 \,(\text{cm}^2)$,
  (원 나의 넓이)=$6 \times 6 \times 3.1 = 111.6 \,(\text{cm}^2)$
  따라서 넓이의 합은 $77.5 + 111.6 = 189.1 \,(\text{cm}^2)$
  입니다. ; $189.1\,\text{cm}^2$

88쪽

1-1 원의 지름이 길수록 더 큰 원입니다.

1-2 원의 지름이 짧을수록 더 작은 원입니다.

서술형 가이드 원 나의 지름을 구한 후 원 가와 나의 지름을 비교하여 더 작은 원의 기호를 찾는 풀이 과정이 들어 있어야 합니다.

채점 기준

상	원 나의 지름을 구한 후 원 가와 나의 지름을 비교하여 더 작은 원의 기호를 바르게 찾음.
중	원 나의 지름은 구했지만 원 가와 나의 지름을 비교하는 과정에서 실수하여 답이 틀림.
하	원의 크기를 어떻게 비교해야 하는지 모름.

도전! 최상위 유형 16~17쪽

1 $1\dfrac{5}{7}$ **2** 10시간 30분

3 120쪽   **4** 40 cm

16쪽

1 ㉠÷㉡$=\dfrac{㉠}{㉡}=3\dfrac{6}{7}$, ㉢÷㉡$=\dfrac{㉢}{㉡}=2\dfrac{1}{4}$,

㉠÷㉢$=\dfrac{㉠}{㉢}=\dfrac{㉠}{㉡}\times\dfrac{㉡}{㉢}=\dfrac{㉠}{㉡}\div\dfrac{㉢}{㉡}$

➡ ㉠÷㉢$=3\dfrac{6}{7}\div2\dfrac{1}{4}=\dfrac{27}{7}\div\dfrac{9}{4}=\dfrac{\overset{3}{\cancel{27}}}{7}\times\dfrac{4}{\underset{1}{\cancel{9}}}$

$\qquad=\dfrac{12}{7}=1\dfrac{5}{7}$

2 이날의 밤의 길이를 □시간이라 하면 낮의 길이는

$\left(□\times\dfrac{7}{9}\right)$시간입니다.

$□+□\times\dfrac{7}{9}=24$, $□\times1\dfrac{7}{9}=24$이므로

$□=24\div1\dfrac{7}{9}=24\div\dfrac{16}{9}=\overset{3}{\cancel{24}}\times\dfrac{9}{\underset{2}{\cancel{16}}}=\dfrac{27}{2}=13\dfrac{1}{2}$

이고 $13\dfrac{1}{2}$시간$=13\dfrac{30}{60}$시간$=13$시간 30분입니다.

➡ 24시간$-$13시간 30분$=$10시간 30분

17쪽

3 어제 읽고 남은 부분은

전체의 $1-\dfrac{1}{3}=\dfrac{3}{3}-\dfrac{1}{3}=\dfrac{2}{3}$입니다.

오늘 읽고 남은 부분은 어제 읽고 남은 부분의

$1-\dfrac{1}{4}=\dfrac{4}{4}-\dfrac{1}{4}=\dfrac{3}{4}$이므로

전체의 $\dfrac{\overset{1}{\cancel{2}}}{3}\times\dfrac{\overset{1}{\cancel{3}}}{\underset{2}{\cancel{4}}}=\dfrac{1}{2}$입니다.

따라서 전체 쪽수를 □쪽이라 하면

$□\times\dfrac{1}{2}=60$이므로

$□=60\div\dfrac{1}{2}=60\times2=120$입니다.

다른 풀이

지금 남은 부분은 어제 읽고 남은 부분의

$1-\dfrac{1}{4}=\dfrac{4}{4}-\dfrac{1}{4}=\dfrac{3}{4}$입니다.

어제 읽고 남은 쪽수를 □쪽이라 하면 $□\times\dfrac{3}{4}=60$입니다.

➡ $□=60\div\dfrac{3}{4}=60\div3\times4=80$

어제 읽고 남은 부분은 전체의 $1-\dfrac{1}{3}=\dfrac{3}{3}-\dfrac{1}{3}=\dfrac{2}{3}$입니다.

동화책의 전체 쪽수를 △쪽이라 하면 $△\times\dfrac{2}{3}=80$입니다.

➡ $△=80\div\dfrac{2}{3}=80\div2\times3=120$

4 ㉮$+$㉯$=190$ cm, ㉮$+$㉰$=148$ cm에서

㉯$-$㉰$=190-148=42$ (cm)입니다.

㉯와 ㉰가 물에 잠긴 부분의 길이가 같으므로

㉯$\times\dfrac{4}{9}=$㉰$\times\dfrac{5}{6}$이고

㉯$=$㉰$\times\dfrac{5}{6}\div\dfrac{4}{9}=$㉰$\times\dfrac{5}{\underset{2}{\cancel{6}}}\times\dfrac{\overset{3}{\cancel{9}}}{4}=$㉰$\times\dfrac{15}{8}=$㉰$\times1\dfrac{7}{8}$

입니다.

㉯$-$㉰$=42$에서 ㉰$\times1\dfrac{7}{8}-$㉰$=42$, ㉰$\times\dfrac{7}{8}=42$,

㉰$=42\div\dfrac{7}{8}=42\div7\times8=48$입니다.

따라서 물통에 들어 있는 물의 높이는

$\overset{8}{\cancel{48}}\times\dfrac{5}{\underset{1}{\cancel{6}}}=40$ (cm)입니다.

수학 실력이 올라가는 마법 주문이 실행중입니다.

2 소수의 나눗셈

잘 틀리는 **실력 유형** 20~21쪽

유형 01 큰, 작은

01 3.7 02 11.7

유형 02 둘레, 1

03 80개 04 26개

유형 03 60, 0.2, 2.2

05 1.9분 06 4.24분

07 1.21 km 08 3.6배

09 가

20쪽

01 몫이 가장 크려면 나누어지는 수를 가장 크게 해야 하므로 나누어지는 수는 9.62입니다.

➡ $9.62 \div 2.6 = 3.7$

왜 틀렸을까? 몫이 가장 크려면 나누어지는 수가 가장 커야 합니다. 수 카드로 만들 수 있는 가장 큰 소수 두 자리 수가 9.62라는 것을 몰랐습니다.

02 몫이 가장 작으려면 나누어지는 수를 가장 작게 해야 하므로 나누어지는 수는 4.68입니다.

➡ $4.68 \div 0.4 = 11.7$

왜 틀렸을까? 몫이 가장 작으려면 나누어지는 수가 가장 작아야 합니다. 수 카드로 만들 수 있는 가장 작은 소수 두 자리 수가 4.68이라는 것을 몰랐습니다.

03 (기둥 사이의 간격 수)$=100 \div 1.25 = 80$(군데)

➡ 필요한 기둥 수는 기둥 사이의 간격 수와 같으므로 80개입니다.

왜 틀렸을까? 기둥 사이의 간격 수를 구하지 못했거나 필요한 기둥 수는 기둥 사이의 간격 수와 같다는 것을 몰랐습니다.

04 (가로등 사이의 간격 수)$=270 \div 10.8 = 25$(군데)

➡ 필요한 가로등 수는 가로등 사이의 간격 수보다 1 더 많으므로 $25+1=26$(개)입니다.

왜 틀렸을까? 가로등 사이의 간격 수를 구하지 못했거나 필요한 가로등 수는 가로등 사이의 간격 수보다 1 더 많다는 것을 몰랐습니다.

21쪽

05 5분 18초$=5$분$+(18 \div 60)$분
　　　　　$=5$분$+0.3$분$=5.3$분

➡ (1 km를 가는 데 걸린 시간)
　$=$(걸린 시간)$\div$(간 거리)
　$=5.3 \div 2.8 = 1.89 \cdots$ ➡ 1.9분

왜 틀렸을까? 5분 18초를 5.3분으로 바꾸지 못했거나 걸린 시간을 간 거리로 나누어야 한다는 것을 몰랐습니다.

06 15분 42초$=15$분$+(42 \div 60)$분
　　　　　$=15$분$+0.7$분$=15.7$분

➡ (1 km를 가는 데 걸린 시간)
　$=$(걸린 시간)$\div$(간 거리)
　$=15.7 \div 3.7 = 4.243 \cdots$ ➡ 4.24분

왜 틀렸을까? 15분 42초를 15.7분으로 바꾸지 못했거나 걸린 시간을 간 거리로 나누어야 한다는 것을 몰랐습니다.

07 35분 54초$=35$분$+(54 \div 60)$분
　　　　　$=35$분$+0.9$분$=35.9$분

➡ (1분 동안 간 거리)
　$=$(간 거리)$\div$(걸린 시간)
　$=43.4 \div 35.9 = 1.208 \cdots$ ➡ 1.21 km

왜 틀렸을까? 35분 54초를 35.9분으로 바꾸지 못했거나 간 거리를 걸린 시간으로 나누어야 한다는 것을 몰랐습니다.

08 남은 음식의 쓰레기양은 7.56 kg, 과일 껍질의 쓰레기양은 2.1 kg입니다.

➡ $7.56 \div 2.1 = 3.6$(배)

09 (귤 1 kg당 가격)
$=$(상자당 귤의 무게)$\div$(상자당 가격)이므로 세 가게의 귤 1 kg당 가격을 비교해 봅니다.
'가' 가게: $2.8 \div 19.7 = 0.14 \cdots$(만 원)
'나' 가게: $1.2 \div 7.3 = 0.16 \cdots$(만 원)
'다' 가게: $1.9 \div 12.2 = 0.15 \cdots$(만 원)

➡ 소수 둘째 자리 숫자를 비교해 보면 나>다>가이므로 귤 1 kg당 가격이 가장 저렴한 가게는 '가' 가게입니다.

주의
나눗셈식이 나누어떨어지지 않고 몫의 소수 첫째 자리 숫자가 같으므로 소수 둘째 자리 숫자를 비교합니다.

01 1, 2, 3, 4   **02** 20

03 22   **04** 정구각형

05 1.8

06 예 변 ㄴㄷ의 길이를 □cm라 하면

    □×26.4÷2=224.4, □×26.4=448.8,

    □=448.8÷26.4=17입니다.

    따라서 변 ㄱㄴ의 길이는

    74.8−26.4−17=31.4 (cm)입니다. ; 31.4 cm

07 2.9   **08** 3.9

09 예 어떤 수를 □라 하면 □×1.25=47,

    □=47÷1.25=37.6입니다. 따라서 바르게 계산

    한 값은 37.6÷1.6=23.5입니다. ; 23.5

10 3배   **11** 4.3배

12 1.9배

22쪽

01~03 핵심

나눗셈의 몫에서 자연수 부분을 비교하여 □ 안에 들어갈 수 있는 자연수를 구할 수 있어야 합니다.

· □<▲.★●일 때 □ 안에 들어갈 수 있는 자연수는 1부터 ▲까지입니다.

· ▲.★●<□일 때 □ 안에 들어갈 수 있는 가장 작은 자연수는 (▲+1)입니다.

01 11.75÷2.5=4.7

    ➡ □<4.7이므로 □ 안에 들어갈 수 있는 자연수는 1, 2, 3, 4입니다.

02 13.72÷0.7=19.6

    ➡ 19.6<□이므로 □ 안에 들어갈 수 있는 자연수 중 가장 작은 수는 20입니다.

03 ㉠ 11.76÷0.7=16.8, ㉡ 25.3÷1.1=23

    ➡ 16.8과 23 사이에 있는 자연수는 17, 18, 19, 20, 21, 22이고 이 중 가장 큰 수는 22입니다.

04~06 핵심

도형의 둘레나 넓이를 이용해 한 변의 길이를 구할 수 있어야 합니다.

04 (변의 수)=(철사의 길이)÷(한 변의 길이)

              =1.62÷0.18=9(개)

    ➡ 변이 9개인 정다각형의 이름은 정구각형입니다.

05 (왼쪽 직사각형의 넓이)=2.4×1.2=2.88 (cm²)

    두 직사각형의 넓이는 같으므로

    □×1.6=2.88, □=2.88÷1.6=1.8입니다.

06 서술형 가이드 삼각형의 넓이를 이용하여 변 ㄴㄷ의 길이를 구한 후 둘레로부터 변 ㄱㄴ의 길이를 구하는 풀이 과정이 들어 있어야 합니다.

채점 기준

상	삼각형의 넓이를 이용하여 변 ㄴㄷ의 길이를 구한 후 둘레로부터 변 ㄱㄴ의 길이를 바르게 구함.
중	삼각형의 넓이를 이용하여 변 ㄴㄷ의 길이는 구했지만 변 ㄱㄴ의 길이를 구하는 과정에서 실수하여 답이 틀림.
하	변 ㄴㄷ의 길이를 구하는 방법을 모름.

07~09 핵심

잘못 계산한 식을 세워 어떤 수를 구한 후 바르게 계산한 값을 구할 수 있어야 합니다.

07 어떤 수를 □라 하면

    □+3.2=12.48, □=12.48−3.2=9.28입니다.

    따라서 바르게 계산한 값은 9.28÷3.2=2.9입니다.

08 어떤 수를 □라 하면

    □÷7.8=2.7, □=2.7×7.8=21.06입니다.

    따라서 바르게 계산한 값은 21.06÷5.4=3.9입니다.

09 서술형 가이드 잘못 계산한 식을 세워 어떤 수를 구한 후 바르게 계산하는 풀이 과정이 들어 있어야 합니다.

채점 기준

상	잘못 계산한 식을 세워 어떤 수를 구한 후 바르게 계산하여 답을 구함.
중	잘못 계산한 식을 세워 어떤 수는 구했지만 바르게 계산하는 과정에서 실수하여 답이 틀림.
하	어떤 수를 구하는 방법을 모름.

10~12 핵심

비교하려는 것을 나눗셈식으로 나타낼 수 있어야 합니다.

· ■는 ★의 몇 배입니까? ➡ ■÷★

10 (집에서 박물관까지의 거리)÷(집에서 학교까지의 거리)

     =8.04÷2.68=3(배)

11 (늘어난 후의 용수철의 길이)=4.2+13.86

                      =18.06 (cm)

    ➡ 18.06÷4.2=4.3(배)

12 (세로)=8.4−3.9=4.5 (cm)

    ➡ 8.4÷4.5=1.86…… ➡ 1.9배

응용 유형

01 73	**02** 11.8 cm
03 1시간 6분	**04** 162개
05 22960원	**06** 17.6 km
07 6	**08** 5.16 cm
09 15.6 cm	**10** 3.3
11 1시간 15분	**12** 31 m^2
13 74개	**14** 23번
15 29920원	**16** 6.3 km
17 50.08	**18** 19.8 km

24쪽

01 $21.6 ▲ 0.3 = (21.6 + 0.3) ÷ 0.3 = 21.9 ÷ 0.3 = 73$

주의

( )가 있는 계산은 ( ) 안을 가장 먼저 계산해야 합니다.

02 (세로) $= 7.98 ÷ 2.1 = 3.8 \,(\text{cm})$
➡ (직사각형의 둘레) $= (2.1 + 3.8) × 2$
$\qquad\qquad\qquad = 5.9 × 2 = 11.8 \,(\text{cm})$

참고

(세로) $=$ (직사각형의 넓이) $÷$ (가로)

03 (탄 양초의 길이) $= 20 - 6.8 = 13.2 \,(\text{cm})$
(13.2 cm를 태우는 데 걸린 시간) $= 13.2 ÷ 0.2$
$\qquad\qquad\qquad\qquad\qquad\quad = 66(\text{분})$
➡ 66분 $=$ 60분 $+$ 6분 $=$ 1시간 6분

25쪽

04 (말뚝 사이의 간격 수) $= 60 ÷ 0.75 = 80(\text{군데})$
(길 한쪽에 세우는 말뚝 수) $= 80 + 1 = 81(\text{개})$
➡ (길 양쪽에 세우는 말뚝 수) $= 81 × 2 = 162(\text{개})$

05 (할머니 댁을 가는 데 드는 휘발유 양)
$=$ (할머니 댁까지의 거리)
$\qquad ÷$ (휘발유 1 L로 갈 수 있는 거리)
$= 60.2 ÷ 8.6 = 7 \,(\text{L})$
(할머니 댁을 다녀오는 데 드는 휘발유 양)
$= 7 × 2 = 14 \,(\text{L})$
➡ (할머니 댁을 다녀오는 데 드는 휘발유값)
$=$ (휘발유 1 L의 값)
$\qquad × $ (할머니 댁을 다녀오는 데 드는 휘발유 양)
$= 1640 × 14 = 22960(\text{원})$

06 2시간 30분 $=$ 2.5시간, 1시간 30분 $=$ 1.5시간
• (지원이가 1시간 동안 가는 거리) $= 8.25 ÷ 2.5$
$\qquad\qquad\qquad\qquad\qquad\qquad = 3.3 \,(\text{km})$
• (은미가 1시간 동안 가는 거리) $= 8.25 ÷ 1.5$
$\qquad\qquad\qquad\qquad\qquad\qquad = 5.5 \,(\text{km})$
➡ (두 사람 사이의 거리)
$=$ (지원이가 2시간 동안 가는 거리)
$\quad +$ (은미가 2시간 동안 가는 거리)
$= 3.3 × 2 + 5.5 × 2 = 6.6 + 11 = 17.6 \,(\text{km})$

26쪽

07 $1.26 ★ 0.18 = (1.26 - 0.18) ÷ 0.18$
$\qquad\qquad\quad = 1.08 ÷ 0.18 = 6$

08 **문제 분석**

08 ❶밑변의 길이가 6.84 cm이고 넓이가 41.04 cm^{2}인 삼각형이 있습니다. / ❷이 삼각형의 밑변의 길이와 높이의 차는 몇 cm입니까?

❶ (높이) $=$ (삼각형의 넓이) $×$ 2 $÷$ (밑변의 길이)
❷ 밑변의 길이와 높이의 차를 구합니다.

❶ (높이) $=$ (삼각형의 넓이) $×$ 2 $÷$ (밑변의 길이)
$\qquad\quad = 41.04 × 2 ÷ 6.84$
$\qquad\quad = 82.08 ÷ 6.84 = 12 \,(\text{cm})$
❷ ➡ (밑변의 길이와 높이의 차) $= 12 - 6.84$
$\qquad\qquad\qquad\qquad\qquad\qquad = 5.16 \,(\text{cm})$

09 (가로) $= 13.77 ÷ 2.7 = 5.1 \,(\text{cm})$
➡ (직사각형의 둘레) $= (5.1 + 2.7) × 2$
$\qquad\qquad\qquad\qquad = 7.8 × 2 = 15.6 \,(\text{cm})$

10 **문제 분석**

10 ❶㉠과 ㉡ 사이에 있는 / ❷소수 한 자리 수 중 가장 작은 수를 구하시오.

㉠ $4.48 ÷ 1.4$	㉡ $2.59 ÷ 0.7$

❶ ㉠과 ㉡의 식을 계산합니다.
❷ ❶에서 구한 범위 안에 있는 소수 한 자리 수를 알아본 후 가장 작은 수를 구합니다.

❶ ㉠ $4.48 ÷ 1.4 = 3.2$, ㉡ $2.59 ÷ 0.7 = 3.7$
❷ ➡ 3.2와 3.7 사이에 있는 소수 한 자리 수는 3.3, 3.4, 3.5, 3.6이고 이 중 가장 작은 수는 3.3입니다.

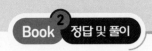

11 (탄 양초의 길이)=25−6.25=18.75 (cm)

(18.75 cm를 태우는 데 걸린 시간)=18.75÷0.25

=75(분)

➡ 75분=60분+15분=1시간 15분

12 문제 분석

12 ❶오른쪽 페인트 9통을 남김없이 사용하여 976.5 m²의 벽을 칠했습니다. / ❷페인트 1 L 로 칠한 벽의 넓이는 몇 m²인 셈입니까?

페인트 3.5 L

❶ 사용한 페인트의 양을 구합니다.
❷ (페인트 1 L로 칠한 벽의 넓이)
   =(칠한 벽의 넓이)÷(사용한 페인트의 양)

❶(사용한 페인트의 양)=3.5×9=31.5 (L)

❷➡ (페인트 1 L로 칠한 벽의 넓이)
   =976.5÷31.5=31 (m²)

27쪽

13 (말뚝 사이의 간격 수)=81÷2.25=36(군데)

(길 한쪽에 세우는 말뚝 수)=36+1=37(개)

➡ (길 양쪽에 세우는 말뚝 수)=37×2=74(개)

14 문제 분석

14 ❶길이가 30 m인 철사를 1.25 m씩 모두 자르려고 합니다. / ❷몇 번을 자르면 됩니까? (단, 겹쳐서 자르는 것은 생각하지 않습니다.)

❶ (도막의 수)=(철사의 길이)÷(한 도막의 길이)
❷ 도막의 수와 자르는 횟수와의 대응 관계를 이용해 자르는 횟수를 구합니다.

❶(도막의 수)=30÷1.25=24(도막)

❷➡ 자르는 횟수는 도막의 수보다 1 작으므로
   (자르는 횟수)=24−1=23(번)입니다.

15 (낚시터를 가는 데 드는 경유 양)

=(낚시터까지의 거리)

÷(경유 1 L로 갈 수 있는 거리)

=86.4÷10.8=8 (L)

(낚시터를 다녀오는 데 드는 경유 양)

=8×2=16 (L)

➡ (낚시터를 다녀오는 데 드는 경유값)

=(경유 1 L의 값)

×(낚시터를 다녀오는 데 드는 경유 양)

=1870×16=29920(원)

16 문제 분석

16 ❶승철이는 하프마라톤 대회에 참가하여 9.5 km 를 달리는 데 1시간 30분이 걸렸습니다. / ❷승철이가 1시간 동안 몇 km를 달린 셈인지 / ❸반올림하여 소수 첫째 자리까지 나타내시오.

❶ 승철이가 달린 시간을 소수로 나타냅니다.
❷ (1시간 동안 달린 거리)=(전체 거리)÷(걸린 시간)
❸ ❷에서 구한 몫을 반올림하여 소수 첫째 자리까지 나타냅니다.

❶1시간 30분=1.5시간

❷(1시간 동안 달린 거리)=(전체 거리)÷(걸린 시간)

=9.5÷1.5

=6.33……❸➡ 6.3 (km)

17 문제 분석

17 ❶어떤 수를 3.6으로 나누어야 할 것을 잘못하여 36으로 나누었더니 몫이 5, 나머지가 0.3이었습니다. / ❷바르게 계산했을 때의 몫을 반올림하여 소수 둘째 자리까지 나타내시오.

❶ 잘못 계산한 식을 세워 어떤 수를 구합니다.
❷ ❶에서 구한 어떤 수를 3.6으로 나눈 몫을 반올림하여 소수 둘째 자리까지 나타냅니다.

❶어떤 수를 □라 하면 □÷36=5…0.3이므로

□=36×5+0.3=180.3입니다.

❷ 따라서 어떤 수를 3.6으로 나눈 몫을 반올림하여 소수 둘째 자리까지 나타내면

180.3÷3.6=50.083……➡ 50.08입니다.

18 1시간 48분=1.8시간, 2시간 36분=2.6시간

• (민정이가 1시간 동안 가는 거리)=7.02÷1.8

=3.9 (km)

• (영지가 1시간 동안 가는 거리)=7.02÷2.6

=2.7 (km)

➡ (두 사람 사이의 거리)

=(민정이가 3시간 동안 가는 거리)

+(영지가 3시간 동안 가는 거리)

=3.9×3+2.7×3=11.7+8.1=19.8 (km)

🐱 **사고력 유형** 28~29쪽

1 ❶ 26 ❷ 19   **2** 뒤로 걷기

3 7.8   **4** 2.3

28쪽

1 ❶ 놓아야 하는 추의 개수를 □개라 하면
$0.9 \times \square = 23.4$, $\square = 23.4 \div 0.9 = 26$입니다.
❷ 놓아야 하는 추의 개수를 □개라 하면
$1.54 \times \square = 29.26$, $\square = 29.26 \div 1.54 = 19$입니다.

2 각 종목별 1분 동안 이동한 거리를 구해 봅니다.
앞발 이어 걷기: $49.6 \div 6.2 = 8$ (m)
뒤로 걷기: $81 \div 5.4 = 15$ (m)
오리걸음으로 걷기: $176.25 \div 12.5 = 14.1$ (m)
➡ $15 > 14.1 > 8$이므로 1분 동안 이동한 거리가 가장 긴 종목은 뒤로 걷기입니다.

29쪽

3 첫 번째: $38.3 \div 1.7 = 22.52\cdots$ ➡ $22.5 > 8$
→ 아니요
두 번째: $22.5 \div 1.7 = 13.23\cdots$ ➡ $13.2 > 8$
→ 아니요
세 번째: $13.2 \div 1.7 = 7.76\cdots$ ➡ $7.8 < 8$
→ 예
따라서 끝에 나오는 수는 7.8입니다.

4 $3.4 \times ㉠ = 25.5$이므로 $㉠ = 25.5 \div 3.4 = 7.5$입니다.
$㉠ \times ㉡ = 73.5$에서 $7.5 \times ㉡ = 73.5$이므로
$㉡ = 73.5 \div 7.5 = 9.8$입니다.
따라서 ㉠과 ㉡의 차는 $9.8 - 7.5 = 2.3$입니다.

도전! 최상위 유형 | 30~31쪽

1 0.35 km	**2** 1.18
3 4명	**4** 2.38 cm²

30쪽

1 (도로 양쪽에 심는 나무의 수)
$=$(도로 한쪽에 심는 나무의 수)$\times 2$이므로
도로 한쪽에 심는 나무의 수는 $18 \div 2 = 9$(그루)이고
도로 한 쪽의 나무 사이의 간격 수는
$9 - 1 = 8$(군데)입니다.
따라서 나무 사이의 간격은 $2.8 \div 8 = 0.35$ (km)입니다.

2 자연수 ㉠이 될 수 있는 수는 52부터 62까지의 수이고, 자연수 ㉡이 될 수 있는 수는 25부터 40까지의 수입니다.
㉢이 될 수 있는 수 중에서 가장 큰 수는 $㉠ = 62$, $㉡ = 25$일 때이므로 $62 \div 25 = 2.48$입니다.
㉢이 될 수 있는 수 중에서 가장 작은 수는 $㉠ = 52$, $㉡ = 40$일 때이므로 $52 \div 40 = 1.3$입니다.
따라서 차는 $2.48 - 1.3 = 1.18$입니다.

31쪽

3 쌀을 최대로 몇 명에게 나누어 줄 수 있는지 구해 봅니다. $35.26 \div 4.7 = 7 \cdots 2.36$이므로 7명까지 나누어 줄 수 있습니다.

나누어 준 사람의 수(명)	남은 쌀의 양(kg)	각 자리 숫자의 합
7	2.36	12
6	7.06	13
5	11.76	15
4	16.46	17
3	21.16	10
2	25.86	21
1	30.56	14

따라서 4명에게 나누어 주었습니다.

4 변 ㄴㄷ의 길이를 □cm라 하면
$(8.6 + \square) \times 3.4 \div 2 = 24.48$,
$(8.6 + \square) \times 3.4 = 48.96$, $8.6 + \square = 48.96 \div 3.4$,
$8.6 + \square = 14.4$, $\square = 5.8$입니다.
선분 ㄴㅁ과 선분 ㅁㄹ의 길이가 같으므로 각각의 선분을 밑변으로 하는 삼각형 ㄱㄴㅁ과 삼각형 ㄱㄹㅁ의 넓이는 같고 삼각형 ㄴㄷㅁ과 삼각형 ㄹㄷㅁ의 넓이는 같습니다.
따라서 사각형 ㄱㄴㄷㅁ의 넓이는 사다리꼴 ㄱㄴㄷㄹ의 넓이의 반입니다.
(사각형 ㄱㄴㄷㅁ의 넓이)$= 24.48 \div 2$
$= 12.24$ (cm²)
(삼각형 ㄱㄴㄷ의 넓이)$= 5.8 \times 3.4 \div 2$
$= 9.86$ (cm²)
➡ (삼각형 ㄱㄷㅁ의 넓이)$= 12.24 - 9.86$
$= 2.38$ (cm²)

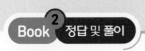

3 공간과 입체

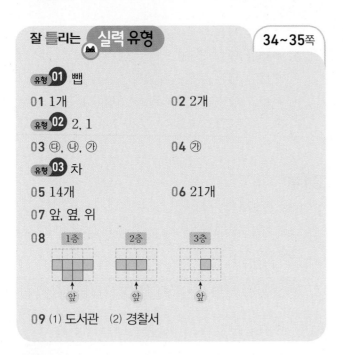

잘 틀리는 **실력 유형** 34~35쪽

유형 01 뺍

01 1개 **02** 2개

유형 02 2, 1

03 ⓒ, ⓑ, ㉮ **04** ㉮

유형 03 차

05 14개 **06** 21개

07 앞, 옆, 위

08

| 1층 | 2층 | 3층 |

↑앞   ↑앞   ↑앞

09 (1) 도서관 (2) 경찰서

34쪽

01 ☆표 한 자리를 제외한 나머지 자리에 쌓인 쌓기나무
의 개수는 1층에 8개, 2층에 5개, 3층에 5개, 4층에
1개이므로 $8+5+5+1=19$(개)입니다.

➡ $20-19=1$(개)

왜 틀렸을까? ☆표 한 자리를 제외한 나머지 자리에 쌓인 쌓
기나무가 $8+5+5+1=19$(개)라는 것을 몰랐습니다.

02 ☆표 한 자리를 제외한 나머지 자리에 쌓인 쌓기나무
의 개수는 1층에 8개, 2층에 7개, 3층에 2개, 4층에
1개이므로 $8+7+2+1=18$(개)입니다.

➡ $20-18=2$(개)

왜 틀렸을까? ☆표 한 자리를 제외한 나머지 자리에 쌓인 쌓
기나무가 $8+7+2+1=18$(개)라는 것을 몰랐습니다.

03 ㉮: 가장 앞에 2층이 보입니다.

ⓑ: 가장 앞에 1층이 보입니다.

ⓒ: 가장 앞에 3층이 보입니다.

왜 틀렸을까? 각 방향마다 가장 앞에 보이는 쌓기나무의 층
수가 달라진다는 것을 몰랐습니다.

04 가장 앞에 쌓기나무가 없으므로 ㉮ 방향에서 본 것
입니다.

왜 틀렸을까? 가장 앞에 쌓기나무가 없는 방향을 찾아야 한
다는 것을 몰랐습니다.

35쪽

05 주어진 모양은 1층에 6개, 2층에 5개, 3층에 2개이므
로 쌓은 쌓기나무는 $6+5+2=13$(개)입니다.
가장 작은 직육면체를 만들 때 필요한 쌓기나무는
$3\times3\times3=27$(개)이므로 더 필요한 쌓기나무는
$27-13=14$(개)입니다.

왜 틀렸을까? 가장 작은 직육면체가 되려면 가로, 세로, 높이
에 쌓기나무를 각각 3개씩 쌓아야 한다는 것을 몰랐습니다.

다른 풀이

가장 작은 직육면체를 만들려면 위에서 본 모양이 가장 작은
직사각형이 되어야 합니다. 주어진 모양의 가장 높은 층수가 3
층이므로 직육면체의 높이도 3층이며 위에서 본 모양에 수를
써 넣으면 다음과 같습니다.

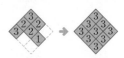

각 칸별로 더 필요한 쌓기나무 개수의 합은
$1+3+1+1+3+2+3=14$(개)입니다.

06 주어진 모양은 1층에 6개, 2층에 5개, 3층에 3개, 4층
에 1개이므로 쌓은 쌓기나무는 $6+5+3+1=15$(개)
입니다. 가장 작은 직육면체를 만들 때 필요한 쌓기나
무는 $3\times3\times4=36$(개)이므로 더 필요한 쌓기나무는
$36-15=21$(개)입니다.

왜 틀렸을까? 가장 작은 직육면체가 되려면 가로, 세로, 높이
에 쌓기나무를 각각 3개, 3개, 4개씩 쌓아야 한다는 것을 몰랐
습니다.

07 10개로 쌓은 것이므로 뒤에 보이지 않는 쌓기나무가
없습니다.
위에서 보면 1층의 모양과 같습니다.
앞에서 보면 왼쪽에서부터 2층, 2층, 3층, 1층으로
보입니다.
옆에서 보면 왼쪽에서부터 1층, 3층으로 보입니다.

08 1층 모양은 위에서 본 모양과 똑같게 그립니다.
2층에는 쌓기나무 3개, 3층에는 쌓기나무 1개가 있습
니다.

09 위에서 본 모양이 (1), (2)와 같은 건물은 경찰서와 도
서관입니다.

(1) 1층에 8개, 2층에 6개, 3층에 2개 쌓여 있는 모양
은 도서관입니다.

(2) 1층에 8개, 2층에 6개, 3층에 2개, 4층에 2개 쌓
여 있는 모양은 경찰서입니다.

다르지만 같은 유형 36~37쪽

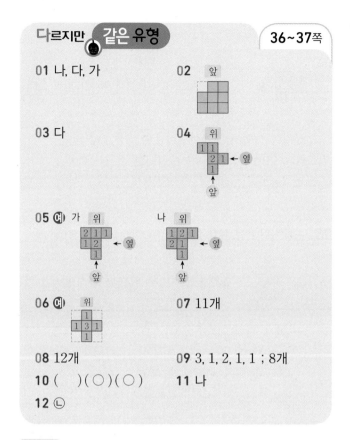

01 나, 다, 가

02
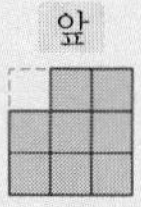

03 다

04
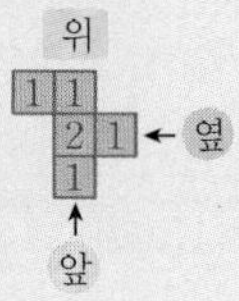

05 예 가
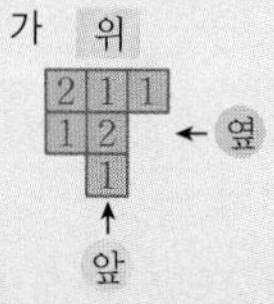
나
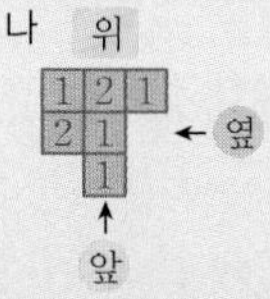

06 예
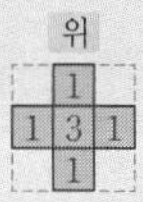

07 11개

08 12개

09 3, 1, 2, 1, 1 ; 8개

10 ( )(○)(○)

11 나

12 ㉡

36쪽

01~03 핵심

층별로 나타낸 모양을 보고 쌓기나무로 쌓은 모양을 알 수 있어야 합니다.
- 1층 모양은 위에서 본 모양과 같습니다.
- 색칠한 칸의 수가 많을수록 낮은 층의 모양입니다.

01 색칠한 칸 수가 많을수록 낮은 층의 모양입니다.

02 쌓기나무로 쌓은 모양:
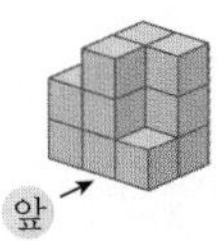

앞에서 본 모양은 왼쪽에서부터 2층, 3층, 3층입니다.

03 1층 모양과 같이 쌓은 모양은 나와 다입니다.

나는 2층 모양이 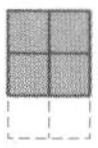 입니다.

04~06 핵심

조건을 만족하는 모양을 위에서 본 모양에 수를 쓰는 방법으로 나타낼 수 있어야 합니다.

04 1층에 쌓기나무가 5개 쌓여 있으므로 2층에는 $6-5=1$(개) 쌓여 있습니다. 앞과 옆에서 본 모양이 서로 같아지도록 가운데 자리에 2를 써넣습니다.

05 1층에 쌓기나무가 6개 쌓여 있으므로 2층에는 $8-6=2$(개) 쌓여 있습니다.

가
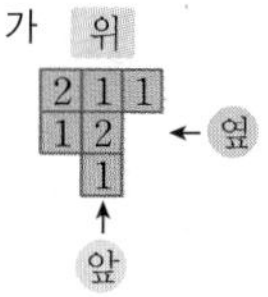
나
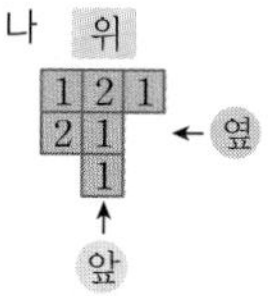

가와 나 모두 앞에서 본 모양은 왼쪽에서부터 2층, 2층, 1층이고 옆에서 본 모양은 왼쪽에서부터 1층, 2층, 2층입니다.

06 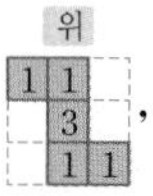, 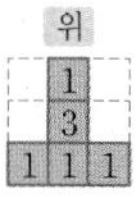 등 여러 가지 모양이 나올 수 있습니다.

37쪽

07~09 핵심

- 위에서 본 모양에 수를 써서 나타냈을 때
  (똑같은 모양으로 쌓는 데 필요한 쌓기나무의 수)
  =(각 자리에 쌓은 쌓기나무의 개수의 합)
- 쌓은 모양을 층별로 나타냈을 때
  (똑같은 모양으로 쌓는 데 필요한 쌓기나무의 수)
  =(각 층에 쌓은 쌓기나무의 개수의 합)

07 위에서 본 모양을 보면 뒤에 보이지 않는 쌓기나무가 1개 있습니다. 1층에 7개, 2층에 3개, 3층에 1개이므로 필요한 쌓기나무는 $7+3+1=11$(개)입니다.

08 1층에 7개, 2층에 4개, 3층에 1개입니다.
➡ $7+4+1=12$(개)

09
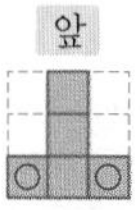
앞에서 본 모양의 ○ 부분에 의해 ㉡, ㉣은 1개씩입니다.

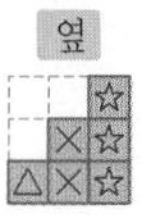
옆에서 본 모양의 ☆ 부분에 의해 ㉠은 3개, × 부분에 의해 ㉢은 2개, △ 부분에 의해 ㉤은 1개입니다.

➡ $3+1+2+1+1=8$(개)

10~12 핵심

보는 위치와 방향에 따라 보이는 모양이 어떻게 달라지는지 알 수 있어야 합니다.

10 왼쪽 모양을 주어진 모양과 같은 모양이 되도록 돌려 보면 ○표 한 쌓기나무가 보이게 됩니다.

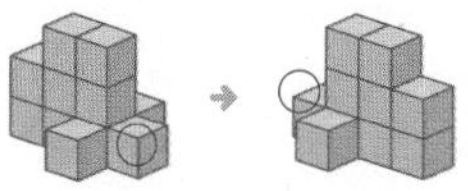

11 가와 다를 옆에서 본 모양은 ⬚으로 같습니다.

나를 옆에서 본 모양은 ⬚입니다.

12 ㉠을 빼내면 앞과 옆에서 본 모양이 변합니다.
㉢을 빼내면 위에서 본 모양이 변합니다.
㉣을 빼내면 위와 앞에서 본 모양이 변합니다.

응용 유형 38~41쪽

01 10개	**02** 11개
03 99 cm²	**04** 15개
05 7개	**06** 5가지
07 9개	**08** 19개
09 14개	**10** ㉢
11 116 cm²	**12** (그림)
13 17개	**14** ㉠
15 9개	**16** (㉡) (㉠)
	(㉠, ㉡) (㉡)
17 3가지	

38쪽

01 〈네 번째〉
위 1 2 3 4 ➡ 1+2+3+4=10(개)

02 위에서 본 모양의 각 자리에 쌓은 쌓기나무의 개수는 오른쪽과 같습니다. ➡ 11개

03 쌓기나무는 맨 위층부터 1개, 3(1+2)개, 5(1+2×2)개, ...이므로 6층까지 쌓았을 때 1층에 쌓인 쌓기나무는 1+2×5=11(개)입니다. 쌓기나무 1개를 위에서 본 모양의 넓이가 3×3=9 (cm²)이므로 전체 넓이는 9×11=99 (cm²)입니다.

다른 풀이
층별로 위에서 본 모양의 넓이를 구해 보면

6층		5층		4층		3층
9 cm²	➡	27 cm²	➡	45 cm²	➡	63 cm²
	+18		+18		+18	

넓이가 18 cm²씩 늘어나므로 6층까지 쌓았을 때 위에서 본 모양의 넓이는 9+18×5=99 (cm²)입니다.

39쪽

04  앞에서 보면 왼쪽에서부터 3층, 2층, 3층 으로 보이므로 3+2+3=8(개)가 보입니다.

옆에서 보면 왼쪽에서부터 1층, 3층, 3층으로 보이므로 1+3+3=7(개)가 보입니다.
➡ 8+7=15(개)

05 ·쌓기나무를 빼내기 전   ·쌓기나무를 빼낸 후

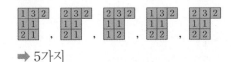

➡ (빼낸 쌓기나무의 개수)=16-9=7(개)

06 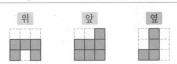 ☆표 한 자리에는 쌓기나무가 1개 또는 2개 쌓일 수 있습니다.

(그림들) ➡ 5가지

40쪽

07 문제 분석

07 ❶쌓기나무로 쌓은 모양을 위, 앞, 옆에서 본 모양입니다. / ❷똑같은 모양으로 쌓는 데 필요한 쌓기나무의 개수를 구하시오.

(위, 앞, 옆 그림)

❶ 위에서 본 모양의 각 자리에 들어갈 수를 구합니다.
❷ ❶에서 구한 각 자리의 수를 모두 더합니다.

❶옆에서 본 모양을 통해 쌓기나무가 1개 쌓인 자리를 표시합니다.

↓

앞에서 본 모양을 통해 ①, ②번 자리에 2개 쌓았고 ③번 자리에 3개 쌓았음을 알 수 있습니다.

❷ 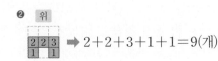 ➡ 2+2+3+1+1=9(개)

08 〈네 번째〉

 ➡ 4+3+2+1+2+3+4=19(개)

09 위에서 본 모양의 각 자리에 쌓은 쌓기나무의 개수는 오른쪽과 같습니다.

위
2	3	1
2	2	1
1	1	1
➡ 14개

10 문제 분석

10 ❶보기 와 같이 컵을 놓았을 때 / ❷가능하지 않은 사진을 찾아 기호를 쓰시오.

보기

㉮

㉯ ㉰

❶ 각 사진의 컵의 순서를 확인합니다.
❷ ❶에서 확인한 순서가 나오는 방향을 찾고 손잡이의 위치가 맞는지 확인합니다.

❶㉯처럼 왼쪽에서부터 파란색 컵, 빨간색 컵, 초록색 컵의 순서대로 보이려면 ❷빨간색 컵의 손잡이는 앞쪽에, 초록색 컵의 손잡이는 오른쪽에 보여야 합니다.

주의

보는 방향에 따라 초록색 컵과 빨간색 컵의 손잡이가 보이지 않을 수 있습니다.

11 쌓기나무는 맨 위층부터 1(1×1)개, 5(1+4)개, 9(1+4×2)개, ...이므로 8층까지 쌓았을 때 1층에 쌓인 쌓기나무는 1+4×7=29(개)입니다.
쌓기나무 1개를 위에서 본 모양의 넓이가 2×2=4 (cm²)이므로 전체 넓이는 4×29=116 (cm²)입니다.

다른 풀이

층별로 위에서 본 모양의 넓이를 구해 보면

8층		7층		6층		5층
4 cm²	➡	20 cm²	➡	36 cm²	➡	52 cm²
	+16		+16		+16	

넓이가 16 cm²씩 늘어나므로 8층까지 쌓았을 때 위에서 본 모양의 넓이는 4+16×7=116 (cm²)입니다.

12 문제 분석

12 ❶쌓기나무 8개로 쌓은 모양을 위와 앞에서 본 모양입니다. / ❷옆에서 본 모양을 그리시오.

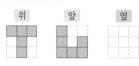

❶ 앞에서 본 모양을 통해 위에서 본 모양의 각 자리에 쌓인 쌓기나무의 개수를 구합니다.
❷ ❶에서 구한 위에서 본 모양을 보고 옆에서 본 모양을 그립니다.

위 ❶앞에서 본 모양을 통해 ○ 부분은 쌓기나무가 3개, △ 부분은 쌓기나무가 각각 1개씩, ☆ 부분은 쌓기나무가 2개 쌓여 있습니다.

옆 ❷옆에서 보면 왼쪽에서부터 1층, 1층, 3층으로 보입니다.

41쪽

13

위
	2	3
3	2	2	◄ 옆
3	2	1

앞에서 보면 왼쪽에서부터 3층, 2층, 3층으로 보이므로 3+2+3=8(개)가 보입니다.
옆에서 보면 왼쪽에서부터 3층, 3층, 3층으로 보이므로 3+3+3=9(개)가 보입니다.
➡ 8+9=17(개)

14 문제 분석

14 ❶다음과 같이 쌓기나무 9개로 쌓은 모양의 ㉮, ㉯ 위에 쌓기나무를 1개씩 더 쌓았습니다. / ❷이 모양의 앞에서 손전등을 비추었을 때 바로 뒤에서 생기는 그림자의 모양으로 알맞은 것을 찾아 기호를 쓰시오.

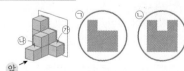

❶ ㉮와 ㉯ 위에 쌓기나무를 1개씩 더 쌓은 모양을 구합니다.
❷ ❶에서 구한 모양을 앞에서 본 모양과 같은 것을 찾습니다.

❶㉮와 ㉯ 위에 쌓기나무를 1개씩 더 쌓으면 가 되므로 ❷그림자의 모양은 ㉠입니다.

15 · 쌓기나무를 빼내기 전   · 쌓기나무를 빼낸 후

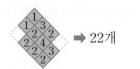 ➡ 22개   ➡ 13개

➡ (빼낸 쌓기나무의 개수)=22-13=9(개)

16 문제 분석

16 **❶**쌓기나무를 붙여서 만든 모양을 구멍이 있는 상자에 넣으려고 합니다. / **❷**모양을 넣을 수 있는 상자를 모두 찾아 기호를 쓰시오.

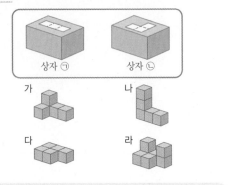

❶ 쌓기나무로 만든 모양을 위, 앞, 옆에서 본 모양을 알아봅니다.
❷ ❶에서 알아본 모양과 상자의 구멍의 모양이 같은지 확인합니다.

❶가와 라를 옆에서 본 모양: ▨ ➡ **❷**상자 ㉡

❶나를 위에서 본 모양: ▭ ➡ **❷**상자 ㉠

❶다를 옆에서 본 모양: ▭ ➡ **❷**상자 ㉠, 상자 ㉡

17 ☆표 한 자리에는 쌓기나무가 1개 또는 2개 쌓일 수 있습니다.

3 3		3 3		3 3
2 1 1	,	1 2 1	,	2 2 1	➡ 3가지

🐱사고력 유형   42~43쪽

1 84개   **2** 56 g

3 예
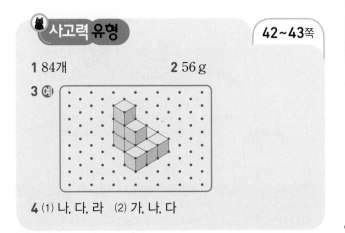

4 (1) 나, 다, 라   (2) 가, 나, 다

42쪽

1 사용한 쌓기나무는 1층에 49(7×7)개, 2층에 25(5×5)개, 3층에 9(3×3)개, 4층에 1(1×1)개이므로 모두 49+25+9+1=84(개)입니다.

2 당근 조각이 1층에 7개, 2층에 4개, 3층에 2개, 4층에 1개이므로 모두 7+4+2+1=14(개)입니다.
➡ (카레에 넣을 당근의 무게)
 =(당근 한 조각의 무게)×(당근 조각의 수)
 =4×14=56 (g)

43쪽

3 가장 앞에 1층이 보이도록 그립니다.

4

도전! 🐱최상위 유형   44~45쪽

1 11개   **2** 14개
3 10가지   **4** 16개

44쪽

1 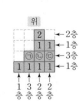 3층에 쌓인 쌓기나무는 7개, 4층에 쌓인 쌓기나무는 3개, 5층에 쌓인 쌓기나무는 1개이므로 3층 이상에 쌓여 있는 쌓기나무는 7+3+1=11(개)입니다.

2 옆에서 본 모양은 쌓기나무가 왼쪽에서부터 1층, 3층, 1층, 2층이므로 위에서 본 모양에 수를 써넣으면 오른쪽과 같습니다.
앞에서 본 모양은 쌓기나무가 왼쪽에서부터 1층, 3층, 2층, 2층이므로 ㉠=3, ㉢=2입니다.
㉡=1일 때와 ㉡=2일 때 위, 앞, 옆에서 본 모양이 같으므로 쌓기나무를 가장 적게 사용하는 경우는 ㉡=1일 때입니다. 따라서 필요한 쌓기나무는 2+1+1+3+1+2+1+1+1=14(개)입니다.

45쪽

3 쌓기나무가 1층에 7개, 3층에 2개 놓여 있으므로 2층에 놓아야 하는 쌓기나무는 13−7−2=4(개)입니다. 또한 3층까지 쌓으려면 2층의 ○표 한 부분에 쌓기나무가 놓여 있어야 합니다.

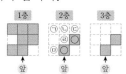

2층 모양은 1층 위에 쌓기나무를 쌓아야 하므로 ㉠, ㉡, ㉢, ㉣, ㉤ 중에서 더 쌓을 수 있습니다.
2층의 ㉠, ㉡, ㉢, ㉣, ㉤ 자리에 나머지 2개가 놓이는 경우를 알아보면 (㉠, ㉡), (㉠, ㉢), (㉠, ㉣), (㉠, ㉤), (㉡, ㉢), (㉡, ㉣), (㉡, ㉤), (㉢, ㉣), (㉢, ㉤), (㉣, ㉤)이므로 쌓을 수 있는 모양은 모두 10가지입니다.

4 물감이 두 면만 묻은 쌓기나무는 큰 정육면체 모양의 모서리에 있고 각 모서리에 모두 2개씩 있습니다.
정육면체에는 모서리가 12개 있으므로 두 면만 묻은 쌓기나무는 2×12=24(개)입니다.
물감이 세 면만 묻은 쌓기나무는 큰 정육면체 모양의 꼭짓점 부분에 있습니다.
정육면체에는 꼭짓점이 8개 있으므로 세 면만 묻은 쌓기나무는 8개입니다.
➡ (쌓기나무 개수의 차)=24−8=16(개)

수학 실력이 올라가는 마법 주문이 실행중입니다.

4 비례식과 비례배분

잘 틀리는 **실력 유형**   48~49쪽

유형 **01** 4, 6

01 12, 16   02 30, 40

03 10, 20, 25

유형 **02** 2, 2

04 예 21 : 20   05 예 5 : 6

유형 **03** 30, 70

06 35   07 30개

08 45장   09 예 1 : 48

10 15 cm

48쪽

01 $\dfrac{9}{㉠}=\dfrac{3}{4}$이고 $\dfrac{3}{4}=\dfrac{9}{12}$이므로 ㉠=12입니다.

$\dfrac{12}{㉡}=\dfrac{3}{4}$이고 $\dfrac{3}{4}=\dfrac{12}{16}$이므로 ㉡=16입니다.

왜 틀렸을까? 9 : ㉠의 비율인 $\dfrac{9}{㉠}$와 12 : ㉡의 비율인 $\dfrac{12}{㉡}$가 $\dfrac{3}{4}$과 같다는 것을 몰랐습니다.

02 $\dfrac{㉠}{36}=\dfrac{5}{6}$이고 $\dfrac{5}{6}=\dfrac{30}{36}$이므로 ㉠=30입니다.

$\dfrac{㉡}{48}=\dfrac{5}{6}$이고 $\dfrac{5}{6}=\dfrac{40}{48}$이므로 ㉡=40입니다.

왜 틀렸을까? ㉠ : 36의 비율인 $\dfrac{㉠}{36}$과 ㉡ : 48의 비율인 $\dfrac{㉡}{48}$이 $\dfrac{5}{6}$와 같다는 것을 몰랐습니다.

03 8 : ㉠=㉡ : ㉢이라 하면

$\dfrac{8}{㉠}=\dfrac{4}{5}$이고 $\dfrac{4}{5}=\dfrac{8}{10}$이므로 ㉠=10입니다.

8 : 10=㉡ : ㉢에서 10×㉡=200, ㉡=20입니다.

$\dfrac{20}{㉢}=\dfrac{4}{5}$이고 $\dfrac{4}{5}=\dfrac{20}{25}$이므로 ㉢=25입니다.

왜 틀렸을까? 8 : □의 비율인 $\dfrac{8}{□}$이 $\dfrac{4}{5}$와 같다는 것을 몰랐거나 내항의 곱을 이용하는 방법을 몰랐습니다.

참고
8 : 10=20 : ㉢에서 외항의 곱도 200이므로
8×㉢=200, ㉢=25로 구할 수도 있습니다.

04 세로가 같을 때 직사각형의 넓이의 비는 가로의 비와

같고 (가의 가로) : (나의 가로)=2.8 : $2\frac{2}{3}$입니다.

$2.8 : 2\frac{2}{3} \Rightarrow \frac{28}{10} : \frac{8}{3}$

$\Rightarrow \left(\frac{28}{10} \times 30\right) : \left(\frac{8}{3} \times 30\right) \Rightarrow 84 : 80$

$\Rightarrow (84 \div 4) : (80 \div 4) \Rightarrow 21 : 20$

따라서 (가의 넓이) : (나의 넓이)=21 : 20입니다.

왜 틀렸을까? 세로가 같을 때 두 직사각형의 넓이의 비는 가로의 비와 같다는 것을 몰랐습니다.

05 가로가 같을 때 직사각형의 넓이의 비는 세로의 비와

같고 (가의 세로) : (나의 세로)=$3\frac{1}{2}$: 4.2입니다.

$3\frac{1}{2} : 4.2 \Rightarrow 3.5 : 4.2$

$\Rightarrow (3.5 \times 10) : (4.2 \times 10) \Rightarrow 35 : 42$

$\Rightarrow (35 \div 7) : (42 \div 7) \Rightarrow 5 : 6$

따라서 (가의 넓이) : (나의 넓이)=5 : 6입니다.

왜 틀렸을까? 가로가 같을 때 두 직사각형의 넓이의 비는 세로의 비와 같다는 것을 몰랐습니다.

49쪽

06 어떤 수를 □라 하면

나: $\square \times \frac{5}{2+5} = \square \times \frac{5}{7} = 25$이고,

$\square = 25 \div \frac{5}{7} = 25 \times \frac{7}{5} = 35$입니다.

왜 틀렸을까? 어떤 수를 2 : 5로 비례배분했을 때 비례배분한 식을 세우는 방법을 몰랐습니다.

07 처음에 있던 구슬 수를 □개라 하면

윤미: $\square \times \frac{7}{7+3} = \square \times \frac{7}{10} = 21$이고,

$\square = 21 \div \frac{7}{10} = 21 \times \frac{10}{7} = 30$입니다.

왜 틀렸을까? 구슬을 7 : 3으로 나누어 가졌을 때 비례배분한 식을 세우는 방법을 몰랐습니다.

08 처음에 있던 색종이 수를 □장이라 하면

경서: $\square \times \frac{10}{9+10} = \square \times \frac{10}{19} = 50$이고,

$\square = 50 \div \frac{10}{19} = 50 \times \frac{19}{10} = 95$입니다.

따라서 영주가 가진 색종이는 95−50=45(장)입니다.

왜 틀렸을까? 색종이를 9 : 10으로 나누어 가졌을 때 비례배분한 식을 세우는 방법을 몰랐습니다.

09 (태양~수성) : (태양~천왕성)=0.4 : 19.2입니다.

$0.4 : 19.2 \Rightarrow (0.4 \times 10) : (19.2 \times 10) \Rightarrow 4 : 192$

$\Rightarrow (4 \div 4) : (192 \div 4) \Rightarrow 1 : 48$

10 선분 ㄱㄴ: $65 \times \frac{5}{5+8} = 65 \times \frac{5}{13} = 25$ (cm),

선분 ㄴㄷ: $65 \times \frac{8}{5+8} = 65 \times \frac{8}{13} = 40$ (cm)

$\Rightarrow 40 - 25 = 15$ (cm)

다르지만 같은 유형 | 50~51쪽

01 9   **02** 4

03 예 $25.5 \times 8 = (\square - 5) \times 17$, $(\square - 5) \times 17 = 204$,

$\square - 5 = 12$, $\square = 17$; 17

04 140 cm²   **05** 204 cm²

06 55 cm²   **07** 252 cm²

08 1620 cm²

09 예 높이를 □ cm라 하고 비례식을 세우면

$3 : 8 = 15 : \square$입니다.

$\Rightarrow 3 \times \square = 8 \times 15$, $3 \times \square = 120$, $\square = 40$

따라서 삼각형의 넓이는 $15 \times 40 \div 2 = 300$ (cm²)입니다.

; 300 cm²

10 2500 m²   **11** 400 g

12 예 $1\frac{1}{5} : 1.7 \Rightarrow 1.2 : 1.7$

$\Rightarrow (1.2 \times 10) : (1.7 \times 10) \Rightarrow 12 : 17$

지후: $145 \times \frac{12}{12+17} = 145 \times \frac{12}{29} = 60$(장)

; 60장

50쪽

01~03 핵심

비례식에서 외항의 곱과 내항의 곱은 같다는 것을 이용할 수 있어야 합니다.

01 $8 \times 75 = (\square + 6) \times 40$, $(\square + 6) \times 40 = 600$,

$\square + 6 = 15$, $\square = 9$

02 $(2 + \square) \times 4 = \frac{4}{5} \times 30$, $(2 + \square) \times 4 = 24$,

$2 + \square = 6$, $\square = 4$

03 서술형 가이드 비례식의 성질을 이용하여 □ 안에 알맞은 수를 구하는 풀이 과정이 들어 있어야 합니다.

채점 기준

상	비례식의 성질을 이용하여 □ 안에 알맞은 수를 바르게 구함.
중	비례식의 성질은 이용했지만 □ 안에 알맞은 수를 구하는 과정에서 실수하여 답이 틀림.
하	비례식의 성질을 이용하는 방법을 모름.

04~06 핵심

• 세로가 같을 때 두 직사각형의 넓이의 비는 가로의 비와 같습니다.
• 높이가 같을 때 두 평행사변형의 넓이의 비는 밑변의 길이의 비와 같습니다.
• 높이가 같을 때 두 삼각형의 넓이의 비는 밑변의 길이의 비와 같습니다.

04 직사각형 가와 나의 세로가 같으므로 넓이의 비는 가로의 비와 같습니다.

➡ (가의 넓이) : (나의 넓이)=14 : 9

가의 넓이: $230 \times \dfrac{14}{14+9} = 230 \times \dfrac{14}{23} = 140 \, (\text{cm}^2)$

05 평행사변형 가와 나의 높이가 같으므로 넓이의 비는 밑변의 길이의 비와 같습니다.

➡ (가의 넓이) : (나의 넓이)=10 : 17

나의 넓이: $324 \times \dfrac{17}{10+17} = 324 \times \dfrac{17}{27} = 204 \, (\text{cm}^2)$

06 삼각형 가와 나의 높이가 같으므로 넓이의 비는 밑변의 길이의 비와 같습니다.

➡ (가의 넓이) : (나의 넓이)=11 : 15

가의 넓이: $130 \times \dfrac{11}{11+15} = 130 \times \dfrac{11}{26} = 55 \, (\text{cm}^2)$

51쪽

07~09 핵심

구하려는 것을 □라 하고 비의 순서에 맞게 비례식을 세운 후 비례식의 성질을 이용하여 □의 값을 구할 수 있어야 합니다.

07 세로를 □cm라 하고 비례식을 세우면

7 : 4=21 : □입니다.

➡ 7×□=4×21, 7×□=84, □=12

따라서 직사각형의 넓이는 21×12=252 (cm²)입니다.

08 밑변의 길이를 □cm라 하고 비례식을 세우면

9 : 5=□ : 30입니다.

➡ 9×30=5×□, 5×□=270, □=54

따라서 평행사변형의 넓이는 54×30=1620 (cm²)입니다.

09 서술형 가이드 밑변의 길이와 높이의 비를 이용하여 삼각형의 높이를 구한 후 삼각형의 넓이를 구하는 풀이 과정이 들어 있어야 합니다.

채점 기준

상	밑변의 길이와 높이의 비를 이용하여 삼각형의 높이를 구한 후 삼각형의 넓이를 바르게 구함.
중	밑변의 길이와 높이의 비를 이용하여 삼각형의 높이는 구했지만 삼각형의 넓이를 구하는 과정에서 실수하여 답이 틀림.
하	밑변의 길이와 높이의 비를 이용하여 삼각형의 높이를 구하지 못하여 답을 구하지 못함.

10~12 핵심

주어진 비를 간단한 자연수의 비로 나타낸 후 이 비를 이용하여 비례배분할 수 있어야 합니다.

10 $0.6 : 1.5 \Rightarrow (0.6 \times 10) : (1.5 \times 10) \Rightarrow 6 : 15$
$\Rightarrow (6 \div 3) : (15 \div 3) \Rightarrow 2 : 5$

감자밭의 넓이: $3500 \times \dfrac{5}{2+5} = 3500 \times \dfrac{5}{7} = 2500 \, (\text{m}^2)$

11 $\dfrac{3}{4} : \dfrac{3}{5} \Rightarrow \left(\dfrac{3}{4} \times 20\right) : \left(\dfrac{3}{5} \times 20\right) \Rightarrow 15 : 12$
$\Rightarrow (15 \div 3) : (12 \div 3) \Rightarrow 5 : 4$

콩의 무게: $900 \times \dfrac{4}{5+4} = 900 \times \dfrac{4}{9} = 400 \, (\text{g})$

12 서술형 가이드 $1\dfrac{1}{5} : 1.7$을 간단한 자연수의 비로 나타낸 후 지후가 가진 색종이의 수를 구하는 풀이 과정이 들어 있어야 합니다.

채점 기준

상	$1\dfrac{1}{5} : 1.7$을 간단한 자연수의 비로 나타낸 후 지후가 가진 색종이의 수를 바르게 구함.
중	$1\dfrac{1}{5} : 1.7$을 간단한 자연수의 비로 나타냈지만 지후가 가진 색종이의 수를 구하는 과정에서 실수하여 답이 틀림.
하	$1\dfrac{1}{5} : 1.7$을 간단한 자연수의 비로 나타내지 못하여 답을 구하지 못함.

응용 유형 52~55쪽

01 1시 5분	02 45만 원	03 21바퀴
04 예 14 : 15	05 15마리	06 예 7 : 4
07 85 kg	08 예 3 : 4	09 32 cm²
10 3시 6분	11 48 L	12 140만 원
13 15바퀴	14 예 16 : 7	15 16마리
16 64 cm²	17 예 11 : 10	

05 • (한 밑면의 둘레)=20×3.1=62 (cm)

(두 밑면의 둘레의 합)=62×2=124 (cm)

• (옆면의 가로)=(한 밑면의 둘레)=62 cm

(옆면의 세로)=(높이)=14 cm

(옆면의 둘레)=(62+14)×2=152 (cm)

➡ (전개도의 둘레)=124+152=276 (cm)

참고

(원기둥의 전개도의 둘레)

=(한 밑면의 둘레)×2+(옆면의 둘레)

다른 풀이

전개도에서 옆면의 가로는 한 밑면의 둘레와 같으므로

(전개도의 둘레)=(한 밑면의 둘레)×4+(옆면의 세로)×2입

니다.

➡ (전개도의 둘레)=20×3.1×4+14×2

=248+28=276 (cm)

06 원기둥을 앞에서 본 모양은 가로가 8 cm, 세로가

6 cm인 직사각형이므로 넓이는 8×6=48 (cm²)입

니다.

원뿔을 앞에서 본 모양은 밑변의 길이가 10 cm, 높

이가 7 cm인 삼각형이므로 넓이는

10×7÷2=35 (cm²)입니다.

따라서 넓이의 차는 48−35=13 (cm²)입니다.

82쪽

07 문제 분석

07 **①**원뿔과 각뿔을 분류하였습니다. / **②**원뿔과 각뿔의 공통점과

차이점을 각각 한 가지씩 써 보시오.

 원뿔   각뿔

① 분류한 것을 보고 모양을 비교합니다.

② 모양의 공통점과 차이점을 찾습니다.

①구성 요소, 밑면과 옆면의 모양 등을 비교해 봅니다.

② **공통점** **예** 원뿔과 각뿔은 모두 꼭짓점이 있습니다.

차이점 **예** 원뿔은 옆면이 굽은 면이지만 각뿔은 옆면

이 평평한 면입니다.

08 (밑면의 둘레)=74.4÷4=18.6 (cm)

(밑면의 반지름)=18.6÷3.1÷2=3 (cm)

09 문제 분석

09 **①**다음 직사각형 모양의 종이를 가로와 세로를 각각 기준으로

한 바퀴 돌려 입체도형을 만들었습니다. / **②**만들어진 두 입

체도형의 밑면의 둘레의 차를 구하시오. (원주율: 3.1)

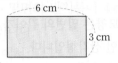

① 직사각형 모양의 종이를 한 변을 기준으로 한 바퀴 돌리면 원기

둥이 됩니다.

② **①**에서 만든 두 원기둥의 밑면의 둘레를 각각 구한 후 차를 구

합니다.

①만든 입체도형은 원기둥입니다.

②(가로가 기준일 때 밑면의 둘레)

=3×2×3.1=18.6 (cm)

(세로가 기준일 때 밑면의 둘레)

=6×2×3.1=37.2 (cm)

➡ 37.2−18.6=18.6 (cm)

10 가장 큰 단면은 원의 반지름이 구의 반지름일 때이므

로 단면의 넓이는 10×10×3.14=314 (cm²)입니다.

11 • 변 ㄱㄴ이 기준일 때   • 변 ㄴㄷ이 기준일 때

높이: 4 cm   높이: 3 cm

➡ 합은 4+3=7 (cm)입니다.

12 문제 분석

12 **①**두 원기둥의 전개도에서 옆면의 넓이가 같을 때 / **②**□ 안에

알맞은 수를 써넣으시오. (원주율: 3.1)

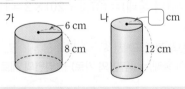

① 원기둥 가의 옆면의 넓이를 구합니다.

② (나의 옆면의 가로)=□×2×(원주율)

①(원기둥 가의 옆면의 가로)=6×2×3.1=37.2 (cm)

(원기둥 가의 옆면의 넓이)=37.2×8=297.6 (cm²)

두 원기둥의 넓이가 같으므로 원기둥 나의 옆면의 넓

이도 297.6 cm²입니다.

②(원기둥 나의 옆면의 가로)=297.6÷12=24.8 (cm)

➡ □×2×3.1=24.8, □×2=8, □=4

83쪽

13 칠해진 부분의 가로는 롤러의 밑면의 둘레의 5배와 같습니다.

(가로)=8×3.1×5=124 (cm), (세로)=24 cm

➡ (넓이)=124×24=2976 (cm²)

14 문제 분석

14 다음 조건을 모두 만족하는 ^❷원기둥의 높이는 몇 cm입니까?

(원주율: 3)

조건
❶ • 원기둥의 높이와 밑면의 지름은 같습니다.
❷ • 전개도에서 옆면의 둘레는 56 cm입니다.

❶ 원기둥의 높이를 □cm라고 놓고 옆면의 가로와 세로를 각각 구합니다.
❷ (옆면의 둘레)=((옆면의 가로)+(옆면의 세로))×2이므로 ❶의 식을 이용하여 □를 구합니다.

❶원기둥의 높이를 □cm라고 하면

(옆면의 가로)=(밑면의 둘레)=(□×3) cm,

(옆면의 세로)=(원기둥의 높이)=□cm입니다.

❷➡ (옆면의 둘레)=(□×3+□)×2=56,

□×4=56÷2, □×4=28, □=28÷4=7

15 • (한 밑면의 둘레)=12×3.14=37.68 (cm)

(두 밑면의 둘레의 합)=37.68×2=75.36 (cm)

• (옆면의 가로)=(한 밑면의 둘레)=37.68 cm

(옆면의 세로)=(높이)=12 cm

(옆면의 둘레)=(37.68+12)×2=99.36 (cm)

➡ (전개도의 둘레)=75.36+99.36=174.72 (cm)

16 문제 분석

16 ^❶원뿔을 앞과 옆에서 본 모양입니다. / ^❷위에서 본 넓이를 구하시오. (원주율: 3.1)

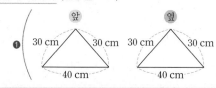

❶ 그림을 보고 밑면의 지름을 알 수 있습니다.
❷ 원뿔을 위에서 본 모양은 원이므로 원의 넓이를 구합니다.

❶원뿔의 밑면의 지름은 40 cm입니다.

❷원뿔을 위에서 본 모양은 지름이 40 cm인 원이므로 넓이는 20×20×3.1=1240 (cm²)입니다.

17 원기둥을 앞에서 본 모양은 가로가 12 cm, 세로가 7.5 cm인 직사각형이므로 넓이는

12×7.5=90 (cm²)입니다.

원뿔을 앞에서 본 모양은 밑변의 길이가 12 cm, 높이가 10 cm인 삼각형이므로 넓이는

12×10÷2=60 (cm²)입니다.

따라서 넓이의 차는 90−60=30 (cm²)입니다.

18 문제 분석

18 ^❶수지가 어떤 평면도형의 가로를 기준으로 돌려야 할 것을 잘못하여 세로를 기준으로 돌렸더니 오른쪽과 같은 입체도형을 얻었습니다. / ^❷바르게 돌렸을 때 얻는 입체도형의 한 밑면의 넓이를 구하시오.

(원주율: 3.1)

❶ 입체도형을 보고 평면도형의 모양과 가로, 세로를 구합니다.
❷ ❶의 평면도형을 가로로 돌려 만든 원기둥의 한 밑면의 넓이를 구합니다.

❶수지가 만든 입체도형은 원기둥이므로 돌리기 전의 평면도형은 다음과 같은 직사각형입니다.

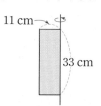

이 직사각형을 가로를 기준으로 돌리면 밑면의 반지름이 33 cm, 높이가 11 cm인 원기둥이 됩니다.

❷➡ (한 밑면의 넓이)=33×33×3.1

=3375.9 cm²)

🐱**사고력유형**   84~85쪽

1 구   **2** 189 cm²

3 36 cm   **4** 464.1 cm²

84쪽

1

출발
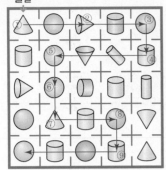

① 원뿔이므로 오른쪽으로 2칸 이동합니다.
② 원뿔이므로 오른쪽으로 2칸 이동합니다.
③ 구이므로 아래쪽으로 1칸 이동합니다.
④ 원기둥이므로 왼쪽으로 3칸 이동합니다.
⑤ 구이므로 아래쪽으로 1칸 이동합니다.
⑥ 구이므로 아래쪽으로 1칸 이동합니다.
⑦ 원뿔이므로 오른쪽으로 2칸 이동합니다.
⑧ 구이므로 아래쪽으로 1칸 이동합니다.
⑨ 원기둥이므로 왼쪽으로 3칸 이동합니다.
⑨를 따라 이동하면 구이므로 아래쪽으로 1칸 이동해야 하는데 이동할 수 없습니다. 따라서 마지막에 있는 입체도형은 구입니다.

2 (밑면의 지름)$=55.8 \div 3.1 = 18$ (cm)
➡ (앞에서 본 모양의 넓이)$=18 \times 21 \div 2 = 189$ (cm^2)

85쪽

3

앞에서 본 모양

원뿔을 앞에서 본 모양은 이등변삼각형이므로 ㉠$=60°$이고
㉡$=180°-60°-60°=60°$입니다.
따라서 원뿔을 앞에서 본 모양은 정삼각형이고 한 변의 길이는 밑면의 지름과 같으므로 $9 \times 2 = 18$ (cm)입니다.
➡ (빨간 선의 길이)$=18 \times 2 = 36$ (cm)

4 음료수 캔 1개의 지름은 $10 \div 2 = 5$ (cm)입니다.
(포장지의 넓이)
$=$(굽은 면 부분의 넓이)$+$(평평한 면 부분의 넓이)
$=$(음료수 캔 1개의 옆면의 넓이)
$\quad+$(가로가 10 cm, 세로가 13 cm인 직사각형 2개의 넓이)
$=(5 \times 3.14 \times 13)+(10 \times 13 \times 2)$
$=204.1+260=464.1$ (cm^2)

1 55.5 cm^2 **2** 341 cm
3 68.2 cm   **4** 700 mL

86쪽

1 입체도형의 윗부분은 원뿔 모양, 아랫부분은 원기둥 모양이므로 돌리기 전의 평면도형은 다음과 같습니다.

(평면도형의 넓이)
$=$(삼각형의 넓이)$+$(직사각형의 넓이)
$=(6 \times 4.5 \div 2)+(6 \times 7)$
$=13.5+42=55.5$ (cm^2)

2
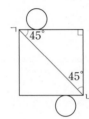

원기둥의 전개도에서 개미가 움직인 길은 선분 ㄱㄴ입니다.
(옆면의 가로)$=$(한 밑면의 둘레)
$\qquad\qquad\quad=55 \times 2 \times 3.1$
$\qquad\qquad\quad=341$ (cm)

옆면을 선분 ㄱㄴ으로 나누었을 때 만들어지는 두 직각삼각형이 이등변삼각형이므로
(옆면의 세로)$=$(옆면의 가로)$=341$ cm입니다.
➡ (원기둥의 높이)$=$(옆면의 세로)$=341$ cm

87쪽

3 초록색 철사로 모선 6군데와 밑면의 지름 3군데를 만들었습니다.
모선의 길이는 24 cm이므로 밑면의 지름 3군데를 만든 철사는 $210-(24 \times 6)=210-144=66$ (cm)이고, 밑면의 지름은 $66 \div 3 = 22$ (cm)입니다.
➡ (빨간색 철사의 길이)$=$(밑면의 둘레)
$\qquad\qquad\qquad\qquad\quad=22 \times 3.1 = 68.2$ (cm)

4 (드럼통의 옆면의 넓이)$=(40 \times 2 \times 3.14) \times 91$
$\qquad\qquad\qquad\qquad\quad=22859.2$ (cm^2)
(롤러를 한 바퀴 굴렸을 때 칠해지는 넓이)
$=$(롤러의 옆면의 넓이)
$=(2 \times 2 \times 3.14) \times 13 = 163.28$ (cm^2)
롤러로 드럼통의 옆면에 페인트칠을 하려면 적어도 $22859.2 \div 163.28 = 140$(바퀴)를 굴려야 하므로 페인트는 적어도 $5 \times 140 = 700$ (mL)가 필요합니다.